알기 쉬운
생산관리

사카모토 세키야, 호소노 야스히코 지음 ┃ 황규대 옮김

동양북스

알기 쉬운
생산관리

초판 1쇄 | 2020년 5월 25일
초판 2쇄 | 2022년 5월 25일

지은이 | 사카모토 세키야, 호소노 야스히코
옮긴이 | 황규대
발행인 | 김태웅
책임편집 | 길혜진
디자인 | 남은혜, 신효선
마케팅 | 나재승
제　작 | 현대순

발행처 | (주)동양북스
등　록 | 제 2014-000055호
주　소 | 서울시 마포구 동교로22길 14 (04030)
구입 문의 | 전화 (02)337-1737 팩스 (02)334-6624
내용 문의 | 전화 (02)337-1762 dybooks2@gmail.com

ISBN 979-11-5768-599-8 93550

Original Japanese Language edition
KIKAI KOGAKU NYUMON SERIES SEISAN KANRI NYUMON (DAI 4 HAN)
by Sekiya Sakamoto, Yasuhiko Hosono
Copyright © Sekiya Sakamoto, Yasuhiko Hosono 2017
Published by Ohmsha, Ltd.
Korean translation rights arranged with Ohmsha, Ltd.
through Japan UNI Agency, Inc., Tokyo and BC Agency, Seoul

▶ 잘못된 책은 구입처에서 교환해드립니다.
▶ 도서출판 동양북스에서는 소중한 원고, 새로운 기획을 기다리고 있습니다.
　http://www.dongyangbooks.com

이 도서의 국립중앙도서관 출판예정도서목록(CIP)은 서지정보유통지원시스템 홈페이지(http://seoji.nl.go.kr)와
국가자료공동목록시스템(http://www.nl.go.kr/ kolisnet)에서 이용하실 수 있습니다.
(CIP제어번호:CIP2020006270)

　원시 인류는 생활에 필요한 식량을 조금이라도 더 구하고자 석기나 뼈로 만든 연장, 기타 간단한 도구 등을 사용하여 수렵 활동을 하였는데 이것이 생산의 시작이라고 할 수 있다. 그 후 농경 생활의 시작과 함께 청동기, 철기 등의 편리한 도구를 만들어 사용하게 되면서 생산의 내용은 더욱 풍부해졌다. 도구를 만들 때 처음에는 사용자가 스스로 만들었지만 생산 활동이 활발해짐에 따라 전문적인 업종으로 분화되어 보다 좋은 도구를 능률적으로 제작하기 위한 설비나 기계 장치에 대한 다양한 연구와 개발이 진행되었다. 이와 같이 인간이 사용하는 물건이 점차 복잡화·다양화되고 수량도 많아지면서 개인이 수요를 감당하지 못하게 되었다. 이에 많은 사람들이 투입되어 물건을 대량으로 생산하기 위한 공장이나 기업이 생겨나게 되었다.

　현대는 4차 산업혁명 시대라고도 하는데 과학기술이 비약적으로 발달하면서 종래의 상식을 뒤엎는 많은 신기술과 신제품이 계속해서 개발되고 있다. 이러한 시대에서 생산 활동을 하려면 단지 개인이 보유한 기능이나 기술뿐만 아니라 집단의 조직이나 능률을 어떻게 할 것인가, 생산에 필요한 연락이나 정보 처리는 어떻게 할 것인가 등에 대한 방법을 마련해야 한다. 또한, 제조 기술 이외에도 여러 가지 문제가 발생할 수 있으며 이것들을 합리적으로 처리하기 위해 최신 과학을 도입한 생산관리의 다양한 기법에 대해서도 연구해야 한다. 따라서 산업 기술과 관련된 사람이 생산 활동에 종사하려면 제조에 관한 전문 기술 지식은 물론, 생산관리에 필요한 기술 지식을 습득해야 하고 넓은 시야와 식견도 갖추어야 한다.

　이 책은 이러한 취지에 따라 우선 생산관리란 무엇이고 어떤 일을 하는지, 무엇이 중요한지, 그리고 기본적인 사항 전반에 대해 알기 쉽게 설명하였다. 또한, 생산 과정에서 중요한 역할을 하는 정보처리와 컴퓨터의 기초 내용에 대해서도 언급하였다. 따라서 이 책은 앞으로 생산과 관련된 업무에 종사할 사람이 알아야 할 생산관리 기술의 입문서로 집필하였으며, 이를 발판 삼아 제조 산업 관련 학과의 대학생, 산업 현장의 실무자들에게도 생산관리 기술을 이해하고 업무 능률을 향상시키는 데 도움이 되길 바란다. 끝으로 집필에 많은 도움이 되었던 참고 문헌의 저자들과 출판에 협력해주신 분들께 진심으로 감사의 뜻을 전한다.

저자 일동

생산관리는 기업의 경영 활동 중에서도 생산기획, 공정관리, 설비, 구매, 판매 등 생산 제조 활동 전반에 대한 부문 관리를 수행하는 것으로 기업의 핵심경쟁력 제고에 있어서 매우 중요한 분야이다. 최근에는 4차 산업혁명을 주도하는 인공지능(AI), 사물인터넷(IoT), 빅데이터 등을 정보통신기술(ICT)로 융합한 새로운 개념의 생산관리시스템(MES)에 대한 연구 개발이 활발히 진행되면서 생산관리의 중요성이 한층 부각되고 있다.

이 책에서는 1장부터 3장까지 생산관리의 정의, 생산 조직, 생산의 기본 계획 등에 대해 설명하였고 4장과 5장에서는 공정관리와 공정분석을 통한 효율적인 공정계획 수립에 대한 내용을 언급하였다. 또한, 6장과 7장에서는 자재, 구매, 외주, 운반, 창고, 설비, 치공구 등의 관리 방법과 절차에 대해 설명하였고 8장에서는 품질관리(QC), 품질특성, 생산공정의 안정 상태를 판단하는 각종 관리도와 샘플링 검사 등에 대해 기술하였다. 9장에서는 제조공정에서 발생할 수 있는 산업공해, 산업재해, 안전관리, 환경관리, 위생관리 등에 대해 설명하였고 10장과 11장에서는 고용과 관련된 인사관리와 원가계산 및 감가상각 등 공장회계에 대해 각각 언급하였다. 12장에서는 컴퓨터의 기본 사항을 13장에서는 품질경영시스템과 관련된 ISO 9000 등에 대해 기술하였고 새롭게 주목을 받고 있는 환경경영시스템, 정보보안경영시스템에 대해서도 설명하였다.

이 책의 원서인 〈생산관리 입문〉은 1989년 일본의 대학 교재로서 초판이 발행된 이래 생산관리 분야의 스테디셀러로서 판매되어 오다가 2015년에 ISO 매니지먼트 규격이 대폭 개정됨에 따라 내용을 보완한 제4판이 2017년 발행되었다. 원서에 표기된 가타카나와 한자 용어는 국내에서 출간된 생산관리 관련 서적을 참고하여 번역하였고 원서의 일본식 표현 문장은 우리말 정서에 맞게 순화하여 의역하였다. 또한, 일본공업규격(JIS)을 인용한 부분에 대해서는 국제표준규격(ISO)에 상응하는 한국공업규격(KS)을 찾아 해당 내용을 인용하였다. 또한, 일본의 환경 및 노동 분야와 관련된 법규는 대한민국 법제처 국가법령정보센터 홈페이지에서 국내 실정에 맞는 내용으로 대체하였다.

생산관리에 대한 원저자의 교육 철학과 집필 의도를 충분히 반영하기 위해 노력하였으나 부족한 점은 향후 개정판을 통해 보완해 나갈 생각이다. 아무쪼록 이 책을 통해 생산관리에 흥미를 가지고 학습하는 데 도움이 되었으면 하는 바람이다.

이 책을 만들어 가는 과정에서 전문가로서 조언과 도움을 주신 ㈜CE경영컨설팅의 이석재 이사님, (前) 한국산업안전보건공단의 최병남 국장님, 한국계량협회 강성원 과장님, 유한대학교 산업안전공학과의 정성환 교수님 그리고 교정에 수고해 주신 이주영 과장님, 김은희 선생님께 감사의 말씀을 전한다. 끝으로 수요가 많지 않은 전문 교재임에도 불구하고 흔쾌히 출판을 허락해 주신 동양북스의 김태웅 대표님과 나재승 상무님 그리고 편집부 여러분께 깊은 감사의 말씀을 전한다.

황규대 드림

목차

제 3 장 생산의 기본적인 계획

제 4 장 공정 관리

제**10**장　인사 관리

제 **1** 장 생산관리

1 생산이란

인간이 가정생활이나 사회생활을 영위해 나가기 위해서는 의식주를 비롯하여 다양한 소비물이 필요하다. 이러한 소비물은 자연에서 직접 채집해서 그대로 사용하는 것도 있지만, 특히 현대 사회에서는 그 대부분이 자연물에 다양한 변화를 주어 사용 목적에 부합하도록 하거나 필요하다면 바로 손에 넣을 수 있는 시스템이 만들어져 있다.

이처럼 자연물 등에 어떤 수단을 가해서 그 형상, 성능, 장소 등에 변화를 주고 인간의 생활에 필요한 가치와 효용을 창출하는 행위를 **생산**이라고 한다. 여기서, 자연물에 가하는 어떤 수단이란 노동력, 기계, 장치, 작업 지시(정보) 등을 가리키며, 인간의 생활에 필요한 가치와 효용이란 단순히 유용한 물품을 의미할 뿐만 아니라, 이것들을 필요로 하는 사람들을 위해 제공하는 운송, 저장, 서비스 등의 활동도 포함된다.

따라서 생산을 일반 사회의 생산 활동 면에서 분류하면, 농업, 광업, 공업 등 물건의 생산과 운수업, 창고업, 상업 등 서비스(용역)의 생산으로 크게 분류된다. 여기서는 주로 공장에서 생산되는 물건에 대해서 말하겠지만, 서비스(용역)에 대한 생산도 마찬가지로 응용할 수 있다.

2 생산성이란

물건을 생산하기 위해서는 **원재료**[1], 설비, 노동 등의 자원이 필요하다. 예를 들면, 책을 만들기 위해서는 종이, 활자, 인쇄용 잉크 같은 재료, 인쇄기, 제본기, 공장의 부지와 건물 같은 설비 및 인간의 노동력 등이 필요하게 된다.

이러한 생산을 위해 사용된 양과 그 결과로부터 유효하게 생산된 양의 비율을 **생산성**이라고 하며, 다음 식으로 나타낸다.

$$\text{생산성} = \frac{\text{생산물의 양 (생산량)}}{\text{생산을 위해 사용된 양 (투입량)}}$$

$$= \frac{\text{산출(output)}}{\text{투입(input)}}$$

---

[1] **원재료** 원료와 재료의 총칭. 생산 과정의 전후에서 형상 및 질적 변화가 큰 것을 **원료**라고 하고 작은 것을 **재료**라 한다. 예를 들면, 목재는 건축에서는 재료이지만 종이, 펄프에서는 원료이다.

즉, 생산을 위해 투입된 각종 자원이 얼마나 유효하게 이용되었는가를 판단하기 위한 정도를 나타내는 것이며 자원의 소재에 따라 각종 생산성이 있지만, 그 대표적인 것을 들면 다음과 같다.

❶ 원재료 생산성 $= \dfrac{\text{생산량 (생산 금액)}^{*2}}{\text{원재료 생산가 (금액)}}$

❷ 설비 생산성 $= \dfrac{\text{생산량 (생산 금액)}}{\text{설비량 (기계대수)}}$ 또는 $= \dfrac{\text{(생산 금액)}}{\text{(기계운전시간)}}$

❸ 노동 생산성 $= \dfrac{\text{생산량 (생산 금액)}}{\text{노동량 (종업원 수)}}$

❹ 부가가치 생산성 $= \dfrac{\text{부가가치}}{\text{노동량}}$

1-2 기업과 공장

1 기업이란

일반적으로 영리를 목적으로 하거나 공공에 대한 봉사에 중점을 두고 생산, 판매, 서비스 등의 경제 활동을 계속해서 행사는 조직체를 **기업**이라고 한다. 기업을 구성하기 위해서는, **자금(money), 재료(material), 사람(man), 기계(machine)**의 네 가지가 필요하므로, 이것을 영문 머리글자를 따서, 4M이라고 한다.

자본 출자가 공공단체에서 영리만을 목적으로 하지 않고 공공의 편리도 도모하는 형태를 공기업이라고 하며, 공단, 정부출자금융기관, 공사 등은 이런 예이다.

이에 비해, 주로 영리를 목적으로 해서 설립된 형태를 사기업이라고 하고 개인기업과 공동기업(회사)로 분류된다. 공동기업은 출자자의 수나 책임을 지는 방법에 따라 나누어지며, 소수 공동기업에는 합명회사, 합자회사, 유한회사가 있으며 다수 공동기업에는 주식회사가 있다.

---

*2 생산량의 단위는 일정 기간의 생산금액 외에 생산 개수, 생산 질량(kg, ton) 등으로 표시된다. 새로운 계량법에 따라 양의 명칭은 중량에서 질량으로 변경이 필요하고, 구조물에 가하는 자신의 중량이나 외력을 나타내는 하중의 경우, 힘의 단위인 뉴턴(N)이 사용된다.

2 공장이란

기업 중에서 기계나 장치 등을 설치하고 이것을 사용해 물품의 제조나 가공을 연속적으로 실시하는 곳을 **공장**이라고 한다. 즉, 토지, 시설, 설비, 원재료, 노동, 기술, 경영, 관리, 자본 등 생산에 관한 모든 물건과 인간이 활동을 하는 곳이다.

공장에서 생산 활동의 목표는 최소의 원재료와 노동력으로 최대의 가치를 지닌 제품을 제조하는 것이다.

3 공장의 종류

과학기술의 발달에 따라 공업 제품의 종류는 점점 많아지고 있다. 따라서 이 제품들을 생산하는 공장도 매우 많은 종류도 나눠져 있다. 일반적으로 사용되는 분류법으로 나누면, 다음과 같다.

❶ **제품의 종류에 따른 분류** : 금속 공장, 기계 공장, 섬유 공장, 약품 공장, 식료품 공장, 목제품 공장, 플라스틱 공장 등

❷ **원재료의 종류에 따른 분류** : 농산품공장, 축산품 공장, 수산품 공장, 금속 공장, 목재공장 등

❸ **생산 방법에 따른 분류**

기계 가공 공장 : 선반, 밀링, CNC(컴퓨터 수치제어)기계, 머시닝센터 등의 공작기계에 의한 기계 가공을 주체로 하여 금속이나 합성수지 등의 재료를 가공해 부품을 생산하는 공장으로, 그 대표적인 것에 기존의 기계 공장과 FMS(flexible manufacturing system ; 유연 생산체계, 생산 설비 전체를 컴퓨터에서 총괄적으로 제어·관리함으로써 혼합 생산, 생산 내용 변경 등이 가능한 생산 시스템) 공장 등이 있다. 기계 가공공장에서 만들어진 부품은 조립 공장에서 사용되는 부품뿐만 아니라, 그대로 제품으로 시판되는 것도 있다.

제품 조립 공장 : 두 개 이상의 부품을 나사 체결, 접착, 용접, 압입, 봉제, 스프링 고정 등의 방법으로 접합해서 제품을 조립하는 공장으로, 그 대표적인 것에 자동차 조립 공장, 가전제품 조립 공장, 볼펜의 조립 라인 등이 있다. 제품 조립 공장에서는, 작업자나 로봇에 의한 조립 라인 외에도 전용 자동 조립기가 사용된다.

프로세스 공장 : 기체, 액체 또는 분체 등의 유체를 원료로 하여, 이것들이 장치를 흘러가는 사이에 품질을 변화시켜 제품을 생산하는 장치 공장으로, 그 대표적인 것에 화학, 석유, 식품, 가스, 약품, 제철 등의 공장이 있다.

❹ **공장의 규모에 따른 분류** : 대공장(종업원 수 300명 이상), 중공장(종업원 수 300명 미만), 소공장(종업원 수 50명 이하)으로 분류된다.

❺ **기술의 진전에 따른 분류** : 생산 시스템이 진보함에 따라 전문 기술자가 조작하는 범용 공작기계의 공장, 범용기에 수치 제어나 컴퓨터 제어를 부가해서 자동화를 꾀한 NC공작기계, 머시닝센터(MC)나 로봇을 도입한 공장, NC기나 MC 또는 로봇과 자동반송기기를 조합하여 시스템화한 **FMS 공장**, 거기에 공장에서 생산 기능의 구성 요소인 생산 설비(제조, 반송, 보관 등에 관련된 설비)와 생산 행위(생산 계획 및 생산 관리 포함)를 컴퓨터를 이용한 정보처리 시스템의 지원 하에 통합화하고, 종합적인 자동화를 도모한 **FA**(factory automation) 공장 등이 있다. **CIM**(computer integrated manufacturing system; 컴퓨터 통합 생산 시스템)은 생산과 관계된 모든 정보를 컴퓨터 네트워크 및 데이터베이스를 이용해 총괄적으로 제어·관리함으로써 생산 활동의 최적화를 도모하는 생산 시스템을 가리킨다.

1-3 경영과 관리

1 경영이란

경영과 관리란 처음에는 같은 뜻으로 사용되었지만, 기업의 규모가 커짐에 따라 점차 구별하게 되었다. 즉, 경영이란 기업을 운영함에 있어 그 기본 방침을 정하고 전체적인 지도와 제한을 하는 일이다.

2 관리란

관리활동 또는 매니지먼트의 기본은 우선 계획을 세우고, 그 계획을 충실히 실행하며 실행한 결과를 정확하게 파악해서 결과를 바탕으로 적절한 조치를 취하고 일련의 활동 결과

|그림 1-1| PDCA 사이클

를 다음 계획에 반영하여 활용하는 것이다. 이 **관리**의 기본적인 개념은 그림 1-1에 나타낸 PDCA **사이클**이라고 불리는 4 단계로 진행해 가는 것이 중요하다. PDCA 사이클은 **관리사이클**(Deming cycle)이라도 하고, **계획**(Plan) → **실행**(Do) → **검토**(check) → **개선**(Act)의 단계로 구성된다. 관리 사이클의 회전을 거듭함에 따라 계획은 개선되고 다른 활동도 정비되어 생산성과 관리 수준은 점차 향상하게 된다.

PDCA 사이클을 분석하면, 표 1-1과 같다.

|표 1-1| PDCA 사이클의 분석

계획	방침	최고경영진은 내외의 정세를 예측하고 경영 문제를 분석하며, 근거나 기초가 되는 데이터를 명확히 하여 경영 방침을 정한다.
	목적	경영 방침을 바탕으로 대상으로 삼을 업무와 부서의 관리 목적을 정한다.
	목표와 방법	관리 목적을 구체화하여 목표 항목, 목표치, 달성 기일 및 목표 달성 방법을 설정한다.
실행	교육 훈련	정해진 방법을 충분히 교육·훈련하고, 확실하게 성과를 기대할 수 있을 때까지 숙련시킨다.
	근로 의욕	단체의 목표를 향한 구성원의 의지가 통일되고 조직의 단결이 공고하며, 그 목표 달성을 위해 노력하는 기력이 넘치는 상태를 조성한다.
	명령 전달	명령 전달의 방법, 시기, 형식, 실행 후의 보고 방법을 명확히 하고, 서면 또는 구두로 확실하게 전달해서 실행하도록 한다.
검토	측정	업무나 과제를 실행한 결과는 목적을 충족시켰는지, 목표 항목별 달성도와 달성 기일이 어떠했는지를 사실에 의거해 측정한다.
	평가	계획 단계에서 정해진 목표치와 실행 후의 측정 결과를 비교하여, 그 차이를 정량적 및 정성적으로 나타내어 실행 상황을 평가한다.
	원인 파악	원하지 않은 결과가 얻어졌을 경우에는 어딘가에 이상이나 문제가 발생한 것이므로 그 상세한 요인과 근본적인 원인을 찾아낸다.
개선	통제	평가의 결과, 목표와 실행의 차이를 수정할 필요가 있는 경우는 수정 조치를 강구한다.
	재발 방지	점검 단계에서 발견된 요인에 대해 항구적인 재발 방지 대책을 취해 개선한다.
	전개	앞으로의 관리와 기타 관리 활동에 대해 일련의 PDCA 사이클의 실적과 경험을 살리는 수평 전개 및 수직 전개를 도모한다.

3 보고제도

보고의 원래 의미는 상급자가 하급자에게 행한 명령이나 지시에 대해 하급자가 상급자에게 활동 상황이나 결과 등을 전하는 것이었지만, 지금의 경영 관리에서는 정보를 수집하는 활동의 적극적인 수단으로 활용되고 있다.

이러한 보고를 실시하는 것은 기업 내부의 관리로 받아들여, 조직화한 제도를 보고 제도라고 한다.

이 제도의 종류를 시기적으로 나누면 일, 주, 월 또는 연차마다 반복해서 보고되는 정기 보고와 반복하지 않은 부정기적인 특수 보고가 있다.

보고에는 구두에 의한 것과 문서에 의한 것이 있는데, 보고 제도에서는 정형문서 외에 도표, 도형 등의 보고서도 이용된다.

보고 제도를 활용할 때는 보고서를 관리하기 위한 규정과 절차 방법 등을 설정해야 한다. 또한, 보고서의 형식이나 내용을 정할 때는 다음 사항에 주의해야 한다.

❶ 가능한 한 표준화하여 일정한 형식으로 하며, 정확·신속하게 보고할 수 있도록 한다.

❷ 보고 내용은 중요 사항을 중심으로 하며, 최소한도의 정보를 포함하도록 한다.

❸ 용도를 충분히 고려하여, 단순하고 보기 쉽게, 이용하기 쉽도록 한다.

❹ 현상과 표준의 대조 확인이 가능하여, 업적의 양호·불량을 즉시 알 수 있도록 한다.

❺ 하층 관리일수록 보고가 단순해지고, 양도 줄인다.

1-4 경영·관리의 역사

1 과학적 관리법의 탄생

1800년대 끝 무렵까지는 공장의 규모도 작고 조직도 단순했기 때문에 생산은 숙련된 노동자에게 의지하는 경우가 많고, 관리·경영면은 그다지 발전하지 않았다.

공업이 점차 고도화되고 공장의 규모가 커져서 조직도 복잡해짐에 따라 경영자가 모든 관리와 감독을 할 수 없게 되었다. 그래서 경영자는 능률을 올리기 위해서 급여 구조로 성과급 제도(제품 단가×완성 개수에 의한 지급 제도)를 채택하기로 했다.

하지만 노동자가 무리해서 일하면 능률은 향상되지만 임금이 올라가버리기 때문에 경영자는 단가 인하를 꾀하였다. 이 때문에 노동자는 조직적인 태업(sabotage)을 하게 되었다.

이러한 악순환을 해결하기 위해 미국의 테일러(F.W. Taylor, 1856~1915)는 경영자가 단가를 인하하는 원인은 노동자가 보통의 노력으로 행하는 하루의 적정 업무량이 명확하지 않기 때문이라고 생각하고, 노동자의 작업 시간을 측정해 공정한 하루의 업무량(과업)을 정하려고 하였다.

이 과업을 중심으로 해서 공장의 생산을 계획하고 관리하는 방식을 **과학적 관리법** 또는 **테일러 시스템**(Taylor system)이라고 하며, 근대적인 공장 관리의 출발점이 되었다.

이 과학적 관리법의 사고방식은 공업적인 생활 활동이 기업으로 성립되기 위해서는 단순히 제조 기술뿐만 아니라, 생산 관리법의 기술이 필요하다는 것으로서, 이런 개념을 기반으로 학문으로 정리한 것을 **산업공학**(industrial engineering : IE[*3]) 또는, **경영공학**이라고 한다.

과학적 관리법은 그 후, 1913년에 자동차 조립 작업을 위해 포드(H. Ford)가 개발한 포드 시스템(Ford system)과 함께 세계 각국에 보급되었다. 또한, 1924년에는 슈하르트(W.A. Shewhart)가 품질 관리에 통계학을 응용하려는 시도를 하였다.

2 인간관계의 중시

과학적 관리법 및 포드 시스템(Ford system)은 제1차 세계대전 발발 전부터 전쟁 중(1914~1918년)에 미국을 비롯한 각국에서 사용되어 생산력 증강에 큰 영향을 주었다.

그러나, 종업원을 기계의 일부로 취급하고, 임금으로 자극을 주려는 사고방식은 인간성을 너무 무시한다는 비판을 받게 되어 노동자와 자본가 사이의 분쟁을 증대시켰다.

따라서 제1차 세계대전 이후에는, 종업원의 인간관계가 중시되는 분위기가 생겨, 노동과학을 기초로 한 작업 관리를 생각하게 되었다. 마침 이 무렵 미국에서 행해진 호손 실험[*4]을 계기로 하여 산업 심리학, 행동 과학, 인간 공학 등의 학문 연구가 활발하게 이루어지고, 공장 관리에 대폭 적용되게 되었다.

[*3] 생산 능률을 증진시키기 위해 노동력, 자재, 설비 등에 관한 생산 방법이나 진행 방법을 합리적으로 개선하는 관리 기술을 말한다. 이 기술을 실현하기 위해 미리 생산을 통해 얻어질 결과를 추측·평가하는 방법으로 공학상의 분석이나 설계의 원리와 기법 및 수학, 자연 과학, 사회 과학 등의 전문지식과 기법 등을 사용하고 있다.

[*4] **호손 실험** 미국의 웨스턴 일렉트릭사(Western Electric Co.) 호손 공장에서 하버드 대학의 마요(G.E. Mayo) 교수를 중심으로 1927년부터 1932년에 걸쳐 행해진 실험으로, 직장의 환경이나 작업 조건 등을 다양하게 바꾸어, 종업원의 작업 상태를 조사했다. 그 결과, 작업 능률에 미치는 영향은 임금, 노동 시간이나 작업 환경 등의 사물에 대한 조건뿐만 아니라 더욱 중요한 것은 종업원의 감정, 동기, 만족감 등이며 이러한 개인의 행동을 결정하는 심리적인 요인은 사람과 사람과의 접촉이나 동료로서의 소그룹과의 인간관계가 크게 작용한다는 것을 알게 되었다.

3 관리 과학의 발달

제2차 세계대전(1939~1945년) 중과 그 이후의 IE(산업공학)는 주로 미국을 중심으로 발달하고 각종 관리 기술이 연구되어 실용화되었다.

즉, 기업의 규모가 점차 커지고 조직화됨에 따라 IE의 내용은 각 생산 현장에서만 능률증진을 꾀하는 것이 아니라 기업 전체의 종합적인 조정을 통해 능률화를 도모하는 관리 방식으로까지 발전했다. 이로 인해 기업의 경영·관리에 분석, 실험, 설계 등의 공학적 방법을 채택하게 되어 IE 기술은 일반 사회나 경제 활동 분야에까지 미치고 있다.

테일러에 의한 과학적 관리법의 운동이 출발점이었던 IE는 처음에는 주로 시간 연구와 동작 연구 등을 중심으로 한 활동이었지만, 그 후 품질관리(QC : 8장 참조), 감독자 훈련(TWI : 10장 참조), PT.S법(5장 참조), 오퍼레이션 리서치(OR), 시스템 공학(SE), 인간 공학 등이 도입되고 그 기법이나 기술에 컴퓨터를 응용하면서 눈부신 발전을 이루었다.

오퍼레이션 리서치(operations research : OR) : 경영·관리에 있어서 다양한 문제에 대해 가장 좋은 해결법을 고르고 싶을 때 그것을 해결해 주는 기술을 말하며, 근대 수학을 이용한 과학적인 기법이 사용된다. 그 기법으로는 재고 관리, 선형 계획법(LP), PERT(4장 참조), 대기행렬, 게임 이론 등이 있고 그 해법에 컴퓨터가 큰 역할을 하고 있다.

시스템 공학(system engineering : SE) : 일정한 목적을 이루기 위해 서로 관련성을 갖고 동작하도록 배치된 제품, 기계, 설비 및 이것들을 운용하는 사람, 기술, 정보 등의 요소의 집합을 시스템이라고 하며 시스템 공학이란 시스템을 구성하는 각 요소를 분석·연구하여 가장 적정한 시스템을 설계·관리하는 학문을 말한다. 컴퓨터는 전형적인 시스템이며 이것을 이용해서 생산 관리, 재고 관리, 사무 관리 등에 응용하고 있다.

인간공학(human engineering) : 인간이 조작하는 기계나 장치 등의 설계 방법, 작업 방법과 환경의 설정 등을 인간이 본래 가지고 있는 신체적, 정신적인 각종 특성과 능력에 맞춰 안전하고 정확하게 조작할 수 있고 인간이 행하는 작용이 최선의 성과를 거두는 것을 목적으로 하는 연구 활동을 말한다.

1 생산관리란

생산관리란 수요에 맞는 양질의 제품을 필요한 기일까지 필요한 수량만큼 기획한 원가로 생산하기 위해 생산의 기본적인 요소인 5M 즉, 사람(man), 기계(machine), 재료(material), 방법(method), 자금(money) 등의 활용을 계획하고 기업의 생산 활동을 전체적으로 통제해 생산력을 최고로 발휘시키는 것이다. **생산관리**의 내용이 되는 항목과 그 목표를 나열하면 다음과 같다.

❶ **공정 관리** : 제품의 생산량과 납품 기일의 확실화를 도모한다.

❷ **품질 관리** : 품질 향상과 균일화를 도모한다.

❸ **원가 관리** : 원가 인하와, 표준 원가와의 비교를 통해 기업 활동의 개선을 도모한다.

❹ **노무 관리** : 노동 조건을 정비하여 작업자의 의욕 향상을 도모한다.

❺ **설비 관리·공구 관리** : 설비와 공구의 필요량을 정비하고 효과적인 활용을 도모한다.

❻ **자재 관리·구매 관리·외주 관리·운반 관리·창고 관리** : 자재의 취득·공급의 합리화를 도모한다.

❼ **환경 관리** : 인간의 건강 보호와 생활환경의 안전을 도모한다. 이 밖에, 작업 방법에는 작업 관리, 열이나 전기를 사용하는 곳에서는 열관리, 전기관리 등이 추가된다.

2 생산관리의 요점

생산관리에 필요한 생산 활동의 요점은 다음의 5W1H를 명확하게 한다.

❶ **어디서(where)** : 어디서 작업하는 것이 좋은가(장소·위치).

❷ **무엇을(what)** : 무엇을 생산할 것인가(재료·제품).

❸ **언제(when)** : 언제 작업할 것인가(일시·기간).

❹ **누가(who)** : 누가 작업할 것인가(작업자·설비).

❺ **왜(why)** : 왜 그 생산이 필요한 것인가(생산 방침).

❻ **어떻게(how)** : 어떻게 할 것인가(작업 방법·생산 방식).

이런 것들의 해답을 생각함으로써 생산에 관한 문제점이나 개선점을 빠짐없이 점검할 수 있다. 아울러 이상의 요점 외에 현재의 생산관리에서는 얼마나(how much : 생산량)를 추가해 5W2H로 대처하는 경우도 많다.

3 생산관리의 합리화

(1) 소품종 다량 생산의 경우

생산 합리화의 기본적인 기법을 들면 다음과 같다.

(a) **표준화** : 원재료·제품, 설비 등의 이용 목적에 대해 가장 바람직한 표준을 정하고, 이 표준에 따라 조직적인 통일을 도모하는 것이다.

일반적으로 생산에 관해 표준화를 분류하면 다음과 같이 나눌 수 있다.

① 원재료, 제품, 설비, 공구의 형태, 구조, 치수 등에 관한 표준

② 작업, 사무 처리, 검사 등의 방법에 관한 표준

③ 일정 기간 내의 생산량, 원재료, 소모품의 사용량, 제조 원가 등의 달성 목표에 관한 표준

표준화는 물건과 일을 단순화하여 그 흐름을 원활하게 하고, 계획과 통제를 용이하게 하기 위해 대량생산, 원가 인하, 품질 향상, 재고 축소, 납기 확보, 작업 개선, 설비 보전, 사무 합리화 등의 활동에 효력을 발휘한다.

기업 내에서 표준화를 진행하는 경우를 사내 표준화라고 하며, 사내 규격으로서 각종 표준이 정해져 있다. 또한, 국내에 널리 퍼진 표준으로 우리나라에서는 한국공업규격(Korean Industrial Standards)이 제정되어 있다. 이 규격은 영문의 머리 글자를 따서 KS라고 줄여 말한다. 한국공업규격은 1961년 [공업표준화법]이 제정·공포되면서 국가 규격으로 보급되었다. 1962년에 공업 표준에 관한 사항을 심의하기 위해 공업표준심의회가 설치되었고 공업 표준의 보급, 교육 및 지도를 담당할 한국규격협회(현, 한국표준협회)가 설립되었다. KS는 국제적인 표준화를 준용한 것으로 생산, 사용, 거래에서 유용하게 활용되고 있다.

(b) **3S** : (a)항의 개념을 더욱 적극적으로 진행시키려는 것으로, 표준화(standardization)에 단순화(simplification)와 전문화(specialization)를 추가한 3가지를 내용으로 하고, 영단어의 머리글자를 따서 3S라고 한다.

① **단순화** : 제조와 관련해서는 재료, 부품, 제품 등의 종류, 형상, 구조, 크기 등에 대해 수요가 적은 것, 불필요한 것, 중요하지 않은 것을 빼고 가능한 한 그 품종을 줄이는 것이다.

② **전문화** : 생산과 관련해서는 제품의 품종을 한정해 단순화하고 규격을 정하여 전용 기계 설비를 설치하고 특정 방식에 따라 생산 활동을 하는 것이다.

3S는 제품, 작업, 판로 등의 종류를 줄이고, 능률과 품질 면에서 특색을 갖추려고 하는 대량생산의 전문 제조업 같은 경우에 효과적인 역할을 한다.

(c) **5S** : 정리, 정돈, 청소, 청결, 습관화의 일본어를 영문자로 표기하고 그 머리글자 5개의 S로 만들어진 말이다. 현대의 행동 과학의 원점이기도 하며 생산의 기본은 인간의 의욕에 있다고 하는 뛰어난 행동 지침으로서, 설비·기계·치공구 등의 최고 사용 효과, 표준의 재검토(개선) 등의 이점으로 이어진다.

(2) 다품종 소량생산의 경우

시대의 변화에 따라, 제품의 품종 증가라는 수요의 다양화에 대해 생산 향상의 요인으로 3개의 S와 4가지 F로 이루어진 7항목의 머리글자를 들 수 있다.

① **시스템화**(systematization) : 컴퓨터를 활용하여 제품 구성의 복잡화에 대처한다.

② **소프트웨어화**(softwarization) : 새로운 분야에 대한 이용 방법과 생각 등, 무형의 기술과 지식의 비율을 높인다.

③ **전문화**(specialization) : 각자의 개별적인 요구에 대응한다.

④ **패션화**(fashionization) : 유행에 즉각 대응하여 빠르게 변화한다.

⑤ **피드백화**(feedback) : 앞서 행해진 결과가 계획에 부합하는지 확인하고 신속하게 다음 수단을 시행한다.

⑥ **유연화**(flexibilization) : 정세와 조건의 변화에 적응성을 갖게 한다.

⑦ **정밀화**(finization) : 소형화하여 높은 정밀도를 갖게 한다.

이상의 3S4F를 실현화하는 주요 생산 형태에는 다음과 같은 것이 있으며 정보 기술의 비약적인 진보에 따라 다품종 소량생산 체제가 출현하였다.

① **그룹 테크놀로지**(group technology : GT) : 유사부품 가공법이라고도 하며, 다수의 부품을 형상, 치수, 공작법 등의 유사점에 따라 분류하고, 각 그룹별로 공작을 진행하는 기법이다. 이렇게 함으로써 공작 기계·치공구·생산계획 자료 등의 효과적인

공통 이용, 작업과 준비에 소요되는 시간과 경비의 절약, 생산 기간 단축에 따른 관리비 절감, 그리고 분류 코드(기호)화에 의한 컴퓨터를 이용한 처리의 신속화 등의 효과가 있다.

② **자재 소요량 계획**(material requirements planning : MRP) : 컴퓨터를 이용하여 필요한 자재의 양과 시기를 정하는 자재 계획의 한 기법이다(6-1절 1항 참조).

③ **적시생산시스템**(just in time : JIT) : 생산 현장에서는 5S 활동에 의한 의식 개혁을 기반으로 '필요한 것을 필요할 때, 필요한 만큼 생산한다'라는 개념을 말하는데, 본래의 뜻은 '철저하게 낭비를 없애는 사상과 기술'을 나타낸다. 이 개념의 적용 예로 '**간판 방식**'이 있다. 이 방식은 최종 공정에만 생산 지시가 주어지고, 후공정에서 직전의 공정에는 '간판'이라고 부르는 지시서에 의해 필요량만큼의 납입·운반·생산에 관한 정보가 순차적으로 전달된다. 생산 기간을 단축하여 관리비를 절약하고 과잉 생산을 자동으로 방지하여 재고량을 줄이는 것이 가능하지만 전제 조건으로 수요 변동의 안정이 필요하다.

④ **온라인 생산관리**(on-line production management) : 관리실에 설치된 중심적인 역할을 하는 대형 컴퓨터(호스트 컴퓨터)와 각 현장의 작업용 컴퓨터가 통신회로로 직접 연결되어 관리실에서는 현장의 생산 시점에 따른 실태를 즉시 파악하고, 자주 바뀌는 많은 정보에 대응하는 처리를 신속하게 실행하여 생산 지시를 할 수가 있다.

⑤ **유연생산시스템**(FMS) : 자동화된 생산 기계나 반송 설비를 갖추고 컴퓨터로 총괄적인 제어하여, 다품종 중/소량 생산이 가능한 시스템으로서 무인화를 목표로 하는 **컴퓨터 통합 생산**(CIM)에서 중요한 역할을 담당하고 있다(12-5절 1항 참조).

제 2 장 생산 조직

2-1 기업의 조직

1 조직이란

조직이란 일정한 목표를 가장 효과적으로 달성하기 위해서 지위와 역할과 그에 맞는 책임이 명확하게 부여된 사람들이 활동하는 집합체이며, 또한 그것을 구성하는 것을 말한다.

기업의 조직에서는 각 개인이 담당하는 일이나 임무를 **직무**라고 부르고, 그 조직상의 지위나 담당 위치를 **직위**라고 한다. 또한, 그 직위에 할당하는 책임을 **직책**이라고 한다.

기업은 그 규모가 작을 경우 기업주가 중심이 되어 직접 운영할 수 있지만, 기업의 규모가 커지고 그 내용도 복잡해지면 기업주가 기업의 모든 것을 운영하는 것이 어려워지기 때문에 조직을 만들어서 직무에 책임과 권한을 부여할 필요가 생긴다.

또한, 기업 규모가 거대화하면 조직이 복잡해지고 입체적인 구조가 되어 인간의 경험이나 직관 또는 능력만으로는 불충분하여 사업부 제도를 채택하거나(2-2절 5항 참조) 컴퓨터의 능력을 이용해 정보 수집과 결정을 내리는 일이 필요해진다.

2 조직의 원칙

조직을 유효·적절하게 편성하고 이것을 합리적으로 운용하기 위해서는 **조직의 원칙**을 적용할 필요가 있다. 그 주요 사항을 예로 들면 다음과 같다.

(1) 명령 통일

명령은 최고의 권한을 가진 최고 경영진에서 말단 사원에 이르기까지 일관된 계통을 가지며, 동일 직무에서 한 명의 종업원에 대해 원칙적으로 두 명 이상의 명령자가 있으면 안된다.

(2) 분업과 협업

업무가 다양하고 복잡해짐에 따라 그 활동을 분할하는 것을 **분업**이라고 한다. 분업화에 의해 편성된 부서는 종적 계열로 구성되어 있기 때문에 조직 전체를 통합해 가려면 관련된 횡적 부서의 부문과 업무 협조를 도모해야 한다.

(3) 직책과 권한

각 직위별로 담당 직무의 내용을 명확히 하고, 그 직무에 대응하는 **직책**을 맡기며 그 직무 수행에 필요한 **권한**을 주는 것이다.

직책과 권한을 명확히 하는 것은 권한 분쟁과 같은 혼란도 없애고 상급자가 하급자에 대해 직책을 완수하기 위한 상호 관계에서도 필요하다. 권한을 가진 자는 그 권한에 맞는 설명 책임도 가진다.

(4) 권한 위임

조직의 규모가 커져서 상급자의 업무량이 증가할 경우 상급자는 반복적으로 발생되는 일상적인 직무를 표준화하고 이것을 가능한 한 하급자에게 맡기면, 새로운 계획이나 조정이 필요한 다른 업무를 할 수가 있다. 이 경우, 상급자는 하급자에게 권한을 맡겼어도 감독 책임과 결과 책임은 계속 가지고 있어야 한다.

(5) 조정 책임

권한을 위임하면 할수록 위임을 받은 각 종업원의 상호 관계가 복잡해져서 이해 충돌이 일어날 수 있다. 이 경우, 위임한 상급자는 각 종업원의 직무를 조정할 책임이 있다. 이 조정의 권리는 하급자에게 위임할 수 없다.

(6) 관리의 한계

한 명의 관리자가 관리·감독할 수 있는 부하의 수를 **관리의 한계**라고 하며, 관리자가 가진 전문 지식 직무를 담당하는 시간, 소속 부하와의 거리 등 각종 영향에 따라 관리의 한계가 발생한다. 이 때문에 직접 감독할 수 있는 부하의 수는 관리 한계 이하로 해야 한다. 일반적으로 관리 효과가 있는 인원수는 3~12명 정도이다.

2-2 공장의 관리조직

공장의 관리 조직은 공장의 종류, 규모의 크기, 작업 조건 등에 따라 다양한 형태가 있지만, 조직을 편성할 때는 조직의 원칙에 따르는 것이 중요하다. 조직의 종류를 언급하기 전에 라인과 스태프에 대해 살펴보자.

1 라인과 스태프

라인과 스태프라는 두 조직 안에서는 다음과 같은 뜻을 가지고 있다.

라인(line)이란 구매, 제조, 운반, 판매라고 하는 기업의 기본이 되는 부문을 말하며, 그 기업의 주류로서 생산 업무를 일정한 책임과 권한을 갖고 최전선에서 실행한다.

이에 비해 **스태프**(staff)는 경영자나 라인 부문의 활동이 충분하게 이루어지도록 조언, 권고, 입안 등을 측면에서 지원하는 사람 또는 부문을 말한다. 기업 조직이 커지고 경영 활동이 복잡해져 생겨난 것으로 경리, 감사, 기술, 기획, 조사 등이 이것에 해당한다.

2 라인 조직(직계 조직)

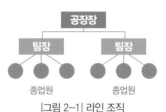

|그림 2-1| 라인 조직

그림 2-1에 나타낸 것처럼 공장장, 팀장(職長), 작업자 등의 순서로 상급자에서 하급자까지 명령과 권한이 하나의 선으로 연결된 조직을 **라인 조직**(line organization)이라고 하며, 직계 조직 또는 군대의 편성 조직과 유사하다고 하여 군대 조직이라고도 한다.

이 조직의 장점과 단점을 들면 다음과 같다.

장점
① 명령 계통이 단순하고 알기 쉬워서 명령과 지시가 철저하다.
② 지휘의 권한이 직선적으로 관통하므로 업무의 조정이 용이하다.
③ 교육과 훈련을 면밀하게 실시할 수 있어 직장 규율을 바르게 유지할 수 있다.

단점
① 수평 방향 계열간의 연락·협조가 어렵고 업무가 독선적으로 된다.
② 기업 규모가 커지고 업무가 복잡해지면 업무의 기획·지도를 상급자가 전부 떠맡기 때문에 부담이 커진다.
③ 기술이 고도화, 복잡화됨에 따라 감독자에게는 관리 능력 외에 넓은 전문 지식이 요구되므로, 이러한 만능 감독자(관리자)를 육성하는 것이 어렵다.
라인 조직은 위와 같은 특징으로 인해 소규모 기업이나 다른 조직과 함께 운용할 때 적용된다.

3 기능 조직

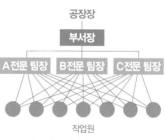

|그림 2-2| 기능 조직의 예

기능 조직(functional organization)은 라인 조직에서 팀장이 모든 업무에 대한 책임을 부담해야 하는 단점을 없애고 관리 직무를 여러 전문 분야로 나누어 각각 전문 지식이나 경험을 가진 팀장을 배치해 작업자를 지휘·감독하도록 구성한 조직으로 **직능별 조직** 또는 **직능 조직**이라고 한다.

이 조직은 미국의 테일러가 기업의 확대화 및 복잡화에 대처하기 위해 고안한 것이다. 그림 2-2는 이 조직의 일례를 보여주는 것으로, 각 작업자는 하나의 작업에 대해 많은 팀장으로부터 지도·감독을 받게 된다.

이 조직의 장점과 단점을 들면 다음과 같다.

장점
① 작업원의 전문 기능이 향상된다.
② 팀장이 부담이 줄어들어 고도의 전문 능력을 발휘할 수 있다.
③ 팀장이 담당하는 직무가 분업화되어 있으므로 후임자의 육성이 용이하다.

단점
① 각 작업원은 복수의 팀장으로부터 지휘·감독을 받으므로 통일성이 결여되어 혼란이 생기기 쉽다.
② 각 팀장의 담당 직무를 명확하게 정해 두지 않으면 권한이 중복되어 팀장 사이에서 마찰이 발생할 수 있다.
③ 팀장이 부재중일 때 그 역할을 대신할 사람을 구하기 힘들다.

|그림 2-3| 기능 부문별 조직의 예

이 테일러의 기능 조직에 대한 개념은 한 사람의 작업자가 여러 팀장으로부터 지휘·감독을 받는 것이 조직의 원칙에도 어긋나서 치명적인 결점이 되기 때문에 그대로 조직 형태로 쓰이지는 않지만, 다른 조직과 함께 운용하거나 기업 전체의 관리 조직으로서 그림 2-3에 나타낸 바와 같이 기능 부문별 조직 등의 형태에 응용되고 있다.

4 라인 스태프 조직

앞에서 설명한 라인 조직에 기능 조직의 전문 집단을 스태프로 지원하는 조직이 **라인 스태프 조직**(line staff organization)이다. 라인 조직을 통해 지휘·명령을 통일하여 조직의 규율과 안정을 도모하고, 스태프는 기획, 연구, 조사, 조정 등의 전문적인 기술 정보의 제공이나 조언을 담당한다. 이것은 라인 조직의 장점을 살리고 그 단점을 스태프를 채용하여 보완한 관리 조직이다. 즉, 명령의 통일과 권한 위임 같은 조직의 원칙을 효과적으로 도입한 것으로 현재 많은 기업에서 채택하고 있다.

그림 2-4는 라인 스태프 조직의 일례를 보여준 것이다. 이 조직의 장점과 단점은 다음과 같다.

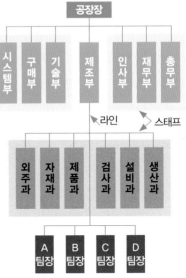

|그림 2-4| 라인 스태프 조직의 예

 장점
① 숙달된 전문가의 지식을 대폭 활용할 수 있다.
② 라인 담당자는 관리 업무에 전념할 수 있다.
③ 직책과 권한을 분산시키지 않고 전문화된 조직을 만들 수 있다.
④ 기업이 안정되어 능률이 오른다.

단점
① 스태프의 직무와 책임을 명확하게 정하지 않으면 라인과의 사이에 마찰이 생겨 혼란을 야기할 수 있다.
② 라인의 직원들이 스태프의 조언을 이해하는 능력이 떨어지면, 라인과 스태프 사이에 마찰이 생기거나 작업자에게 잘못된 지시를 내릴 수 있다.
③ 스태프의 조사·연구가 한쪽으로 치우치거나 그 기능을 수행하는 권한이 없으면 충분한 효과를 얻을 수 없다.

5 사업부제 조직

대기업에서 2가지 이상의 다른 제품을 대량으로 생산하고 있는 경우, 각 제품별로 하나의 사업부를 만들어 생산에서 판매까지의 관리, 책임과 권한을 주고 독립 부문으로 만든 조직을 **사업부제 조직**이라고 한다.

제품별 외에 지역별, 시장별로도 적용하며, 각 사업부마다 자체적으로 생산 계획을 세워 원가를 절감하거나 매출 증진을 꾀하고 이익에 대한 책임을 진다.

이 조직의 장점과 단점은 다음과 같다.

장점
① 권한이 부하에게 위임되어 있기 때문에 업무상의 결정이나 처리가 빨라져서 각종 변화에 신속하게 대처할 수 있다.
② 경영·관리에 대한 의욕을 향상시켜 책임감을 고양한다.
③ 경영 관리 조직 최상층부의 책임을 경감하여 경영 관리 능력이 뛰어난 간부를 육성할 수 있다.

단점
① 사업부 의식이 너무 강해지면 경쟁 의식이 과도해져 회사 전체의 협조성을 잃게 된다.
② 사업부의 부서장을 육성해 놓지 않으면 인재가 부족하여 운영에 지장을 초래할 수 있다.
③ 각 사업부의 이익만을 추구한 나머지 회사 전체의 이익에 대한 배려가 결여될 수 있다.

6 소그룹 조직

기업이 확대되어 조직이 복잡화되면, 각 부문의 연대감과 책임감이 희박해져 의견이나 해석의 차이 그리고 연락 불충분으로 인해 마찰이 생기거나 개인의 창의적 근무 의욕이 떨어지는 경향이 발생한다. 이러한 문제점을 해결하기 위해 다음과 같은 **소그룹 조직**을 만들어 부문 간의 조정과 활력의 향상을 꾀하고 있다.

(1) 위원회 조직

라인이나 스태프 등의 각 부문에서 대표들이 모여, 제안된 여러 문제에 대해 정보와 의견을 교환하고 최선의 해답을 구하는 회의를 열기 위한 조직을 **위원회 조직**이라고 하며, 회의 결과를 바탕으로 여러 문제를 조정 또는 권고 등을 한다.

공장에 설치된 위원회의 종류에는 사내 위원회, 팀장 위원회, 생산 위원회, 기술 위원회, 설비 위원회, 안전 위원회 등이 있다.

이 조직의 장점과 단점은 다음과 같다.

 ① 관련이 많은 부문 간의 중요한 계획이나 실행 과제에 대한 연락 및 조정이 잘 추진된다.
② 많은 사람들의 다른 경험과 지식을 모으므로 폭넓은 시야의 해답을 얻을 수 있다.
③ 문제 해결을 위한 중요한 의논에 참가함으로써 협력의 의욕을 높인다.
④ 위원회에 참가함으로써 기업 전체의 활동을 알 수 있게 되어 관리자의 양성에 도움이 된다.

 ① 소그룹 차원의 의논이기 때문에 회의 방식이 좋지 않으면 시간을 허비할 수 있다.
② 많은 위원이 결정하기 때문에 책임과 권한을 명확히 해두지 않으면 책임을 회피하는 자리가 될 수 있다.
③ 회의를 위한 준비와 출석은 라인에 비해 시간과 비용의 희생이 클 수 있다.

(2) 프로젝트 조직

연구 개발이나 생산 등에서 관리 활동의 새롭고 특별한 계획이나 과제를 **프로젝트**(project)라고 한다. 이 프로젝트를 효과적으로 해결하기 위해 그러한 문제 해결에 적합한 능력을 지닌 인재를 각 전문분야에서 모아서 팀을 만들고, 문제가 해결된 후에 해산한다. 이러한 일시적인 조직을 **프로젝트 조직**이라고 한다.

프로젝트 조직은 신기술·신제품의 연구개발, 신제품의 양산 개시까지의 준비와 작업, 회사 전체의 조직이나 제도의 개혁, 새로운 정보 시스템의 도입, 건물, 시설, 도로, 철도 등의 건설 공사 등에 적용되고 있다.

(3) 품질관리 분임조(QCC)

현장의 팀장이나 조장을 지휘자로 하여, 같은 직장 안에서 품질 관리(QC) 활동을 자주적으로 실시하는 그룹을 **품질관리 분임조**라고 한다. 이것은 일본에서 만들어진 소그룹 활동이다. 이 소그룹은 전사적 협력에 의한 QC 활동의 일환으로서 자기 계발과 상호 계발을 추진하며, QC에 관한 각종 기법을 활용하여 직장의 관리, 개선을 전 구성원이 참가해 연속적으로 수행하는 것이다.

품질관리 분임조 활동의 기본적인 개념은 다음과 같다.

❶ 기업의 체질 개선, 발전에 기여한다.

❷ 인간성을 존중하고 삶의 보람을 느낄 수 있는 밝은 직장을 만든다.

❸ 인간의 능력을 발휘해 무한한 가능성을 끌어낸다.

QC 사이클 그룹 활동의 특징 중에 활동에 대한 결과 보고로 **품질관리 분임조 발표회**라는 것이 있는데, 이것은 개선 활동을 요약한 내용을 소그룹 대표가 회합에서 발표하는 형식으로 이루어진다.

제3장 생산의 기본적인 계획

기업이 생산 활동을 시작함에 있어, 일반적으로 다음과 같은 순서로 생산의 기본적인 계획을 세운다.

❶ 제품 계획 : 어떤 품종, 품질, 성능, 가격의 제품을 만들 것인가.

❷ 생산 계획 : 어떤 생산 방법이며, 수량과 기간은 얼마나 되는가.

❸ 공장 계획 : 이상의 두 항목을 실시하기 위해서는 어느 곳에 어떤 시설과 설비가 필요한가.

이런 기본 계획은 위 사항에 대해 가장 경제적이고 합리적인 계획을 세워야 한다. 또한 이러한 계획을 세울 때는 제조, 판매, 재무 등의 관련 부문이 협의를 하고, 생산 활동에 필요한 자금과 노동력 문제를 포함해 검토를 하며 사장, 부사장, 전무 등 최고 경영자 그룹에서 최종 결정을 한다.

3-1 제품 계획

제품의 품종, 품질, 성능, 수량, 가격, 시기 등에 대해 수요자의 희망을 반영해서 이익을 확보할 수 있는 것을 만드는 계획을 제품 계획이라고 하며, 그 목적에 따라 신제품 개발, 기존 제품의 개량 또는 설계 변경, 기존 제품의 새로운 용도 발견 등이 있다.

제품 계획을 수립할 때는 다음과 같은 사안을 반영해야 한다.

❶ 시장에서 수요자의 요구 품목과 경쟁 품목의 상황 등에 대한 연구

❷ 아이디어 도출과 평가 및 시험 제작에 대한 연구

❸ 특허와 관련 법규에 대한 연구

❹ 판매의 시기, 수량, 가격, 지역 등에 대한 연구

❺ 계획의 입안, 통제

1 연구 개발

연구·개발은 일반적으로 기초 연구, 응용 연구 및 개발 연구로 나뉜다.

❶ **기초 연구** : 새로운 사실이나 원리의 발견 등 어떤 하나의 자연 법칙을 발견하기 위해 행하는 연구이다.

❷ **응용 연구** : 기초 연구를 통해 발견된 원리나 법칙을 산업에서 어떤 문제에 적용할 수 있는지를 탐구하는 연구로, 제품화의 실마리를 찾는다.

❸ **개발 연구** : 응용 연구를 거쳐 목표로 삼는 구체적인 신제품을 선정하고 제품으로서 시장에서의 판매는 어떨지, 제조 방법은 어떤지 등 기술적인 개발을 연구한다. 신제품 개발 또는 실용화라고도 한다.

신제품 개발은 일반적으로 제품 기획, 제품 설계, 시험제품 제작·시험, 생산 준비의 순서로 이루어진다. 연구 개발에는 신제품 개발 외에 제품의 개량, 이에 따른 생산 방식 연구 등의 분야가 있다.

제품이 시장에 등장하고 나서 그 모습을 감추기까지의 과정을 **라이프 사이클**(life cycle)이라고 하는데, 이러한 제품의 라이프 사이클은 기술의 진보에 따라 점차 짧아지고 있기 때문에, 기업은 장래 시장의 요구와 그 변화를 예측하고 신제품 개발 연구를 진행해야 한다. 또한 이러한 연구 개발을 효과적으로 진행하기 위해서는 개발 부문을 기업의 전체 조직 안에 넣고 계획, 추진, 평가, 사업화, 개발비 등에 대해 명확하게 규정해 놓아야 한다.

2 제품 설계

제품 계획을 바탕으로 이것을 제품화하기 위해 형상, 치수, 재료 등을 정해 도면에 나타내는 것을 제품 설계라고 한다. 설계 순서는 일반적으로 기본 설계에서 상세 설계로 진행되며 모델(모형)의 시험 제작, 실험, 검토를 거쳐 최종 설계에 이른다.

제품 설계의 목적에 따라 기본적으로 크게 나누면, 기능에 중점을 둔 기능 설계와 생산에 중점을 둔 생산 설계가 있다.

❶ **기능 설계** : 제품을 설계할 때 맨 처음에 착수하는 설계로 소정의 기능을 발휘하여 사용자를 충분히 만족시킬 수 있는 기능을 지닌 물품을 설계하는 것이다.

❷ **생산 설계** : 기능 설계에서 제시된 기본 방침에 따라 기능에 지장을 주지 않는 범위에서 생산의 입장에서 생각해서 적절한 설계를 하는 것으로, 형상·치수·재료·생산 기술·부품의 호환성 등을 고려해 가장 낮은 단가로 능률적으로 마무리될 수 있도록 도면화한 것이다. 제작도라고도 하며 기계 공업에서는 조립도, 부품 조립도, 부품도 등을 작성한다.

❸ **시험 제작** : 기획과 설계의 목표가 실제로 적절한 효과를 나타내는지 여부를 현장에서 검토하여 확인하기 위해 실물을 제작하는 것을 시험 제작이라고 한다.

시험 제작을 분류하면 일반적으로 제품의 성능에 중점을 둔 성능 시험 제작, 주로 양산 가능성의 여부와 양산에 따른 품질 변화의 발생 여부를 확인하는 것에 중점을 둔 양산용 시험 제작, 내구성 테스트를 주목적으로 한 내구성 시험 제작 등으로 나눠진다. 또한, 계획 입안에 필요한 자료를 얻기 위해 설계 전에 실시하는 연구용 시험 제작이 있다.

3-2 생산 계획

생산을 시작하기 전에 제품 설계를 바탕으로 생산되는 제품의 종류, 품질, 생산량, 생산 방식, 장소, 생산 기간 등에 대해 최소의 비용으로 최대의 이익을 확보하는 합리적인 계획을 세우는 것이 **생산 계획**이다.

1 생산 방식 선정

생산 방식을 여러 가지 측면에서 분류하면 다음과 같다.

(1) 생산 기술 측면에서의 분류
① **제품 조립 생산** : 작업자, 조립 기계, 로봇 등을 사용하여 몇 가지 부품을 서로 조립해서 제품(완성품)을 제조한다(예 : 자동차 조립 공업).
② **부품 가공 생산** : 공구나 공작기계를 사용해 재료의 크기나 형상을 바꾸거나 표면을 연마하는 가공 등을 실시하여 여러 가지 부품을 제조한다(예 : 기계 부품 제조 공업).
③ **프로세스 생산** : 장치를 사용해 원재료에 화학적·물리적인 처리를 가하여 제품을 생산한다(예 : 금속 공업, 화학 공업). **장치 생산, 흐름 생산**이라고도 한다.

(2) 수요 측면에서의 분류

① **수주 생산** : 고객의 요구에 맞춰 고객이 정한 사양의 제품을 생산자가 생산한다. 주문 생산이라고도 한다(예 : 산업용 특수기계의 제조).

② **시장 생산** : 생산자가 미리 시장의 수요를 예측하여 기획·설계한 제품을 생산하여 불특정 고객을 대상으로 시장에 출하한다(예 : 자동차 공업, 전자제품 공업). 예상 생산(시장 생산)이라고도 한다.

(3) 품종과 생산량에 따른 분류

① **다품종 소량 생산** : 많은 품종의 특수한 제품을 단속적으로 소량씩 생산한다. 수주 생산과 연관되어 있다.

② **소품종 다량 생산** : 한 종류 또는 적은 종류의 제품을 계속적으로 대량 생산한다. 시장 생산과 연관되어 있다.

③ **중품종 중량 생산** : 다품종 소량 생산과 소품종 다량 생산의 중간적인 생산 형태이다.

(4) 제조품의 그룹화 방법에 따른 분류

① **개별 생산** : 개별 고객의 주문에 맞춰 그때마다 1회만 생산한다(예: 화학 플랜트, 조선).

② **연속 생산** : 전용 기계나 장치를 설치하여 같은 종류의 제품을 일정 기간 연속해서 생산한다.

③ **로트 생산** : 제품을 품종별로 생산량을 모아서 복수의 제품을 번갈아 생산하는 방식으로, 일정 수량씩 모은 것의 집합을 **로트**(lot)라고 한다.

실제로는 이런 특징을 다양하게 조합하여 적용하는 경우가 많으며, 일반적으로 사용되는 조합은 표 3-1에 나타낸 것과 같다.

|표 3-1| 생산 방식 관련

생산 방식	기술 특성	수요 특성	품종과 생산량	제품의 그룹화 방법
	제품 조립 생산	수주 생산	다품종 소량 생산	개별 생산
	부품 가공 생산		중품종 중량 생산	로트 생산
	프로세스 생산	시장 생산	소품종 다량 생산	연속 생산

2 생산 계획의 진행 방법

생산 계획의 담당자 입장에서 본 진행 방법의 내용·순서는 다음과 같다.

❶ 경영자와 판매 부문은 제품의 장기간에 걸친 수요량을 예측하고 생산 계획의 기본 방침을 정한다.

❷ 제조 부문(공장)에서는 ❶의 기본 방침을 바탕으로 공정 계획, 작업원과 기계 설비의 계획, 재료의 준비 계획 등을 행한다.

❸ 작업 부문(작업장)에서는 ❷의 계획을 바탕으로 월, 순(10일), 주, 일 등을 단위로 하는 업무량과 인원을 계획한다. 이 경우, 현재 보유하고 있는 능력을 확인하여 업무량이 많을 때는 작업이나 휴일 출근을 이용해 시간 연장을 꾀하거나 외주 발주를 한다. 그래도 부족할 경우에는 처음의 계획으로 되돌아가 납기일이나 생산 수량을 조정한다.

3 기간별 생산 계획

생산 계획은 그 기간에 따라 일반적으로 다음 세 가지로 분류되며 주로 큰 계획은 경영자, 작은 계획은 관리자와 관련된다.

(1) 장기 생산 계획

장기 생산 계획은 대일정 계획이라고도 하며, 필요에 따라 1년 ~ 수년의 장기간에 걸친 제품의 수요를 예측하고, 이 예측을 바탕으로 6개월 ~ 1년의 생산 계획을 세우고 설비, 인원, 자재 등의 필요량을 구하여 생산 목표의 방향을 정한다. 이 계획을 바탕으로 작성된 계획은 자재 구매 계획, 재고 계획, 외주 계획, 인원 계획, 설비 계획, 자금 계획 등이 있다.

(2) 중기 생산 계획

중기 생산 계획은 중일정 계획이라고도 하며, 1~3개월 동안의 생산에 필요한 설비, 인원, 자재의 입수 시기를 정하고 제조되는 품목, 수량, 기간 등의 구체적인 제반 준비를 한다. 계획을 수립할 때는 현재 보유하고 있는 생산 능력, 제품의 재고량, 장기 생산 계획 및 전월의 생산 계획 등을 참고하여 과부족 대책을 포함해 수립한다.

(3) 단기 생산 계획

단기 생산 계획은 소일정 계획이라고도 하며, 보통 1일, 1주일 또는 열흘간의 계획으로 생산 수량이 확정된 품목에 대해 어떤 일을 어떤 작업장에서 언제 시작하고 완료할 것인지를 정한다.

3-3 공장 계획

공장 계획이란 가장 합리적인 **생산관리**를 실현하여 생산성을 향상시키고 쾌적하게 생산 활동을 할 수 있는 공장을 만들기 위한 계획을 말한다. 구체적인 목표로는 종업원의 안전이나 위생을 고려해 제조 시간을 단축해서 운반을 경감하고, 기계와 인력의 이용률을 높여 불량품 발생을 방지하며 관리, 감독을 용이하게 하는 것 등을 생각할 수 있다. 공장을 건설하는 일에는 다른 전문 기술이 많이 필요하기 때문에 각 전문 분야의 사람들이 서로 기술, 지식을 제시하고 협력하면서 계획을 수립하고 자료의 수집, 분석, 검토, 조정 등을 해야 한다.

1 공장 입지

공장 입지란 공장 주변의 조건을 고려해 생산에 가장 적합한 부지를 선정하는 것이다. 여기서 공장 입지에 필요한 조건들은 다음과 같다.

(1) 자연적 조건

다음과 같은 토지의 지역적인 자연 조건을 가리킨다.

① 지형, 지질, 기후 풍토가 알맞은가.

② 공장용수, 음용수 등을 충분히 얻을 수 있는가.

③ 원재료, 전력, 연료 등을 얻기 쉬운가.

(2) 경제적 조건

다음과 같은 경제적인 관점의 조건을 가리킨다.

    ① 토지가격은 공장의 필요 위치에 적정한 가격인가.

    ② 운송, 통신, 통근이 편리한가.

    ③ 노동력은 질과 양의 면에서 필요량을 얻을 수 있는가.

    ④ 협력 공장이나 다른 관련 회사와의 관계가 좋은가.

    ⑤ 조세, 보험료 등은 어떤가.

(3) 사회적 조건

다음과 같은 정치·사회 등에 대한 조건을 가리킨다.

    ① 건축 기준법, 소방법, 지방조례 등의 관련 단속 법규는 어떠한가.

    ② 도시 계획, 국토 계획, 지방개발 계획 등을 검토한 후 활용한다.

    ③ 지역 사회의 정치적·사회적 안정도와 협력은 어떠한가.

2 공장 부지

공장 입지의 제반 조건을 충족하는 지역이 결정되었다면 **공장 부지**를 선정하고 조성할 때 다음과 같은 제반 조건을 검토해야 한다.

❶ 부지의 지형(토지의 형상과 고저), 지질(지반의 견고), 면적 등은 적당한가.

❷ 수도, 전력, 가스 등을 이용하기 쉬운가. 또한, 공업 용수(지하수, 하천수) 등의 수질, 수량은 적절한가.

❸ 배수, 폐기물, 배연, 배기가스, 악취, 소음, 진동 등 주변에 미치는 환경 영향은 어떠한가. 또한, 그 처리 대책은 어떠한가.

❹ 인터체인지, 주요 도로, 항만, 공항 등 수송에 대한 교통기관은 이용하기 쉬운가.

❺ 장래에 부지를 확장하는 것이 가능한가.

3 공장 건축

공장 부지가 정해지면 공장 건축에 착수하는 데 **공장 건축**에 우선 필요한 조건은 공장에서 능률적으로 생산이 이루어짐과 동시에 종업원이 쾌적하게 작업할 수 있는 환경이어야 한다.

이를 위해 다음의 항목에 대해 검토한다.

(1) 건물 배치 계획

배치 계획에서 생각할 수 있는 주요 항목을 들면 다음과 같다.

① 각 생산의 건물은 생산 공정의 순서에 따라 배치되며 그 경로는 최단 거리일 것.

② 원재료 창고와 제품 보관 창고가 공장 내외의 운반에 편리할 것.

③ 공장 안팎의 각 관련 시설과의 연락이 용이할 것.

④ 공장 주위로부터의 진동, 소음 등의 영향, 화재·지진·풍수해 등의 재해 대책을 고려할 것.

⑤ 공장 안팎의 교통 도로 또는 부지의 지형 등에 대해 최적의 배치일 것.

(2) 필요한 건물 및 시설

공장에 배치를 필요로 하는 건물 및 그에 따른 시설은 제조 품목에 따라서도 다른데 일례를 들면 다음과 같다.

① **제조용 건물** : 기계·설비 등을 설치하여 직접적으로 제조를 하며, 공장의 중심이 되는 건물로, 특히 기계·설비에 맞는 동수와 면적에 유의할 필요가 있다.

② **생산 관련 시설** : 생산과 간접적인 관련을 가진 시설로 사무소, 경비실, 연구·설계실, 창고, 동력 시설, 조명·급배수·공조 시설, 방재 시설 등

③ **생활 관련 시설** : 종업원이 생활하는 데 필요한 시설로 식당, 탈의실, 도서실, 세면실, 화장실, 주차장, 자전거 보관소, 숙소, 욕실, 진료실 등

(3) 건물의 형식

공장 건물의 평면 도형은 그림 3-1에 나타낸 바와 같이 여러 종류가 있다. 공장의 평면형식은 생산 공정이나 부지 면의 형태·크기 등을 고려하여 정한다. 또한, 건물의 형식을 층에 따라 분류하면, 일반적으로 단층(단층집 구조)과 다층(2층 건물 이

B형 E형 H형 사각형

I형 L형 O형 T형 U형

|그림 3-1| 건물의 평면 도형

상)으로 나뉜다. 이 두 형식의 특징을 비교하면, 단층의 경우는 부지 면적이 넓지만 건설비가 비교적 싸고, 중량이 있는 설비 기계의 설치나 자재 운반을 용이하게 할 수 있고, 다층의 경우는 부지를 효과적으로 이용할 수 있지만 중량이 있는 자재의 운반에는 부적합하여 소형 경량 품목만 취급하게 된다. 다층 형식의 적용 예로서 가볍고 다량의 원료를 연속 가공하는 제분공장, 제과공장, 제약공장 등이 있다.

(4) 건물의 구조와 면적

공장 건물의 구조에는 목조, 철골조, 철근 콘크리트조 및 철골·철근 콘크리트조 같은 종류가 있다. 이 중에서 어느 것을 선정할지는 공장의 종류, 규모, 생산 방식, 건축비, 환경 등을 생각하여 선정한다. 또한, 건축기준법, 소방법, 각 지방 조례 등의 법률이 있기 때문에 이러한 규칙을 고려해야 한다.

특히, 제조를 하는 건물의 면적을 결정하는 경우에는 다음 사항을 고려한다.

(a) 산형(맞배) 지붕

(d) 철근입체 트러스 지붕

(b) 모니터 지붕

(e) 아치 지붕

(c) 톱니 지붕

(f) 평지붕

|그림 3-2| 지붕의 종류

① 설치하는 기계와 설비의 대수 및 작업자 수

② 기계·설비의 본체가 차지하는 위치와 면적, 그것을 조작하는 면적 및 가공품의 반입 또는 설치 면적.

③ 가공의 공정 순서 : 건물 내 채광은 천장, 상측면 등 위쪽에서부터 차례로 조명 효과가 있기 때문에 철골 1층 구조의 공장은 그림 3-2의 (c)에 나타낸 바와 같이 톱니 모양의 지붕을 만들어 위쪽 창문에서 채광이 되게 하는 건물이 많았다. 그러나 건축 기술이 발달함에 따라 큰 평면적을 필요로 하는 제조 공정의 경우, 철골 구조에서는 입체 트러스나 아치형 지붕, 철근 콘크리트조에서는 위쪽 방향이 평면이고 방수 시공한 평지붕 등을 채택하고 있다.

또한 자연 채광과 통풍을 대신해 인공조명에 의한 방법 등이 고려되고 있다. 예를 들면, 생산 과정에서 일정한 온도와 습도를 필요로 하는 정밀가공·제약·방적의 각 공장, 연구실 등에서는 창문이 전혀 없는 건물이나 클린 룸을 사용하여 완전한 인공조명과 공기조화시스템(에어컨)으로 소정의 생산 환경을 유지하는 방식도 채택하고 있다.

공기 조화는 실내 공기의 온도, 습도, 기류 및 청정도를 공기조화 장치로 사용 목적에 맞게 최적의 상태로 조정하며 아울러 먼지, 세균, 유해가스 등을 제거하여 공기를 정화한다.

4 설비 배치

설비 배치란 정해진 품질, 수량, 기간에 가장 저렴한 단가로 제품을 생산할 수 있도록 작업장, 설비, 자재 등을 합리적으로 배치하는 일이다. 따라서 다음 사항에 유의하여 계획을 세워야 한다.

❶ 생산물의 흐름(생산 공정)에 무리, 무효용, 불균일을 없애고 합리적으로 실시한다.
❷ 직원의 이동 거리를 짧게 하여 노동의 불필요한 소모를 없앤다.
❸ 운반 거리와 횟수를 가능한 한 적게 한다.
❹ 공장의 바닥 면적과 공간을 가장 효과적으로 이용한다.
❺ 안전 작업이 가능하도록 환경 정비에 신경쓴다.

공장에서 설비 배치는 제품과 그것을 생산하는 기계 설비의 종류와 수량, 생산 방식, 작업 순서 등을 고려하여 계획하는데 기본적인 타입을 들면 표 3-2와 같다.

|표 3-2| 설비 배치 타입

설치 타입		명칭	제품의 흐름
제품별 배치	타입 I	제품별 라인 (전용 라인 생산)	
	타입 II	제품 그룹별 라인 (공동 라인 생산)	
공정(기능)별 배치	타입 III	기계별 네트워크 (개별 생산 ; job-shop)	

설치 타입		명칭	제품의 흐름
공정(기능)별 배치	타입 Ⅳ	기계 그룹별 네트워크 (개별 생산 ; job-shop)	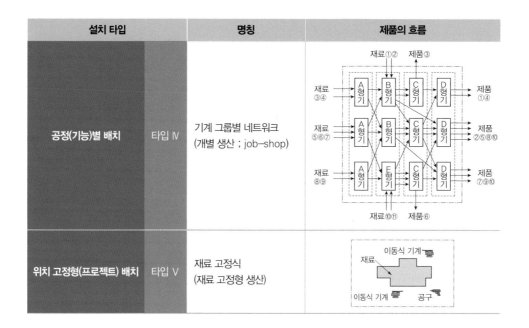
위치 고정형(프로젝트) 배치	타입 Ⅴ	재료 고정식 (재료 고정형 생산)	

(1) 제품별 배치

하나의 제품 또는 유사한 제품 그룹을 생산하기 위한 작업의 흐름에 맞춰 각 공정에 필요한 기계를 배치하는 **라인 생산 방식**이다. 라인 생산에서는 **라인 작업(컨베이어)**에 의한 효율화를 기대할 수 있다. 라인의 형상은 직선적인 Ⅰ자형 외에 U자형, J자형, L자형 등이 있다. 라인 생산의 작업장을 **플로 숍**(flow shop)이라고 한다. 제품별 배치는 **제품별 레이아웃, 라인 편성** 등으로도 불리며, 다음의 두 가지가 있다.

(a) (타입 Ⅰ) 제품별 라인

제품별 라인은 제품별로 전용 기계를 공정순으로 배치하여 라인화한 설비 배치이며, **전용 라인 생산**이라고도 한다. 재료의 흐름은 라인 모양의 흐름으로 각 공정의 처리 시간이 항상 거의 균일한 경우는 각 공정을 동기화시켜 일정한 리듬으로 생산을 진행할 수 있으므로, 라인 편성 효율이 높고, 계획 생산량을 달성하기도 비교적 쉽다. 공정 간 운반을 용이하게 하고 라인의 생산 속도를 안정시키기 위해 컨베이어를 이용하는 경우가 많다. 제품별 라인은 다음에 서술하는 **라인 밸런싱**을 유지하게 하는 것이 중요하다.

제품별 라인에서 생산하는 제품의 특징은 하나의 제품에 다량의 수요가 있고 배치한 각 공정의 설비와 작업자가 거의 100% 가동되는 단품종 다량 생산인 경우에 적합하다. 제품별 라인의 생산 시스템에서는 각 공정의 자동화·작업 인원 감축을 진행함으로써 품질의 안정, 생산량과 납기의 확실, 원가 저감, 간편한 관리 감독을 기대할 수 있다. 헨리 포드(H. Ford)는 자동차의 대량 생산에 이 제품별 라인을 구성하여 자동차의 대중화에 큰 공헌을 했다.

(b) (타입 II) 제품 그룹별 라인

제품 그룹별 라인은 각 공정에서 사용하는 기계와 그 사용 순서에 유사성을 지닌 제품 그룹별로 공통의 가공 기계를 공정순서에 따라 라인화한 설비 배치이며, **공통 라인 생산**이라고도 불린다. 제품별 라인은 단품종으로 생산 라인을 구성하지만 제품 그룹별 라인에서는 복수의 유사 제품군으로 효율적인 라인 생산을 실현하려는 생산 방식이다. 제품 그룹별 라인에서 생산하는 제품군의 특징은 아래와 같다.

① 같은 그룹의 제품은 각 공정에 사용하는 기계나 작업 내용이 서로 유사하다.

② ①의 조건과 함께 각 제품의 공정 순서가 유사하다. 즉 공정 계열, 기계의 사용 순서, 작업의 진행 순서 등이 거의 같다.

③ ①과 ②의 조건과 함께 각 제품의 각 공정에서의 처리 시간(작업 시간, 가공 시간, 조립 시간 등)이 항상 거의 같다(처리 시간의 평균값은 거의 균일, 분산은 상대적으로 작을 것).

제품 그룹별 라인을 가동하는 데에는 다음의 두 가지 방식이 있다.

(i) 라인 전환 방식

라인 전환 방식이란 제품 그룹별 라인에서 어느 일정 기간 동안은 같은 품종의 제품을 연속적으로 흐르게 하는 생산 방식이며, 그 기간에는 제품별 라인과 똑같이 진행할 수 있다. 동일 제품 그룹의 제품을 A, B, C라고 했을 때, 제품의 흐름 방식을 AAAAA*BBBBB*CCCCC*AAAAA*…와 같이 흐르게 하는 방식이다. 여기서 *는 품종 전환 작업을 뜻하며, 품종을 전환하는 데 필요한 준비 작업과 그 준비 시간이 있다. 라인 전환 방식으로 생산하는 경우 어떤 품종이 그룹화되어 생산되기 때문에 다른 품종은 순서가 될 때까지 생산이 되지 않으므로, 제품별로 보면 간헐 생산이 된다. 제품군의 수요 조건, 재고 관리, 출하 계획 등의 면에서 간헐 생산이 허용되는 경우에는 라인 전환 방식은 제품별 라인과 똑같은 고효율 생산을 기대할 수 있다.

(ⅱ) 혼합 품종 방식

혼합 품종 방식이란 **혼류 방식**이라도 하며, 제품 그룹별 라인에서 같은 제품 그룹의 제품을 수요량과 수요 순서를 고려해 품종을 혼합하여 흐르게 하는 방식이다. 제품의 흐름 방식은 위와 비교하면, AA*B*C*AA*B*C*A*BB*CC*A*…와 같이 흐르는 방식이다. 여기서 *는 품종 전환 작업인데, 이 방식에서는 전환 작업이 빈번하게 들어가므로, 전환에 필요한 준비 시간이 매우 짧거나 전환 준비 작업의 불필요한 경우에 적합하다. 혼합 품종 방식은 앞에서 말한 제품 그룹별 제품의 조건과 함께, 품종 전환이 용이하고, 전환 시간도 무시할 수 있을 정도로 짧다는 조건이 성립하며, 여기에 가능한 한 단기간에 여러 품종의 수요를 만족시키면서 재고량을 최소화하고 싶을 때 적합하다. 자동차 조립 라인은 투입한 설비 투자금액이 많고, 제품의 제조 원가도 높기 때문에, 각 공정의 작업 시간을 균일화하고 전환 시간을 최소화하는 개선을 거듭하여, 효율적인 혼합 품종 방식을 실현한 예이다.

(2) 공정(기능)별 배치

공정(기능)별 배치란 사용 기계나 공정 순서에 제품 간 유사성이 낮은 경우, 또는 각 제품의 수요량(생산량)이 전용 라인이 필요할 정도가 아닌 경우, 유사 제품 그룹이 구성되어도 합계 수요량이 많지 않고 공통 라인에서는 가동률이 낮아져 효과가 없는 경우에 제품 군에서 전체 공통으로 사용하는 기계 설비를 토대로 기계와 공정을 네트워크 형태로 배치한 생산 시스템이다. 따라서 제품의 흐름이 서로 뒤섞여 네트워크 형태가 된다. 공정(기능)별 배치의 작업장은 개별 생산 (job shop)이라고 한다. 공정(기능)별 배치는 **잡숍형 생산**을 채택한 다품종 소량생산 공장에서 볼 수 있는 방식이다.

공정(기능별) 배치식 공장에서 생산되는 제품의 특징은 아래와 같다.

① 제품의 품종이 많고 수요량이 변동한다.

② 생산 대상이 되는 제품군의 공정 계열이 다양하여, 공정 순서에 다양한 차이가 있다.

③ 제품별로 공정 시간이 달라지거나 같은 제품에서도 각 공정의 작업 시간이나 가공 시간이 균일하지 않다.

④ 고도의 가공 기술을 필요로 하며, 가공 계열과 가공 시간을 확정하기 어렵다.

공정(기능)별 배치는 **공정별 레이아웃, 기종별 배치, 기계 그룹 편성**이라고도 하며, 다

음의 두 가지가 있다.

(a) (타입Ⅲ) 기계별 네트워크

기계별 네트워크는 공정(기능)별 배치식 작업장에서 각 기계 사이를 이동하는 제품의 운반 거리를 단축시키는 생산 시스템이다. 공장에서 이루어지는 물건의 이동과 취급을 **머티리얼 핸들링**(material handling)이라고 하며, 공정(기능)별 배치식 공장에서는 머티리얼 핸들링에 필요한 작업에 많은 노동력과 시간이 걸리는 경우가 많다. 기계별 네트워크식 배치는 머티리얼 핸들링의 합리화를 중시하는 경우에 채택되는 방식이다.

(b) (타입Ⅳ) 기계 그룹별 네트워크

기계 그룹별 네트워크는 공정(기능)별 배치식 작업장에서 위의 기계별 네트워크가 갖는 운반 거리의 단축화를 포기하고 동일 계통의 기계를 모아 기계 그룹을 단위로 하여 구성한 생산 시스템이다. 동일 계통의 기계란, 같은 전문 기능이 필요한 기계를 가리키며 고도의 전문 기능을 가진 숙련자 아래에서 전문 기능 집단을 편성하여 기능 향상과 생산 능력 강화, 기술자 관리의 용이화 등을 중시하는 경우에 기계 그룹별 네트워크 배치가 채택된다.

(3) 위치고정형(프로젝트) 배치

위치고정형(프로젝트) 배치란 일반적으로 거대하고 무거운 재료를 바닥 위, 지그 위, 팔레트 위, 또는 작업대 위에 고정하거나 올려놓은 채, 다양한 이동식 기계와 공구를 사용하여 전 공정의 가공 및 작업을 하는 생산 시스템이다. 위치고정형(프로젝트) 배치는 제품과 생산의 특성상 이동이 곤란한 경우에 볼 수 있는 방식으로, 예를 들면 대형 선박 건조 등이 이에 해당한다.

단, 재료의 이동이 가능한 경우라도, 생산량이 매우 소량이거나 단품을 개별·수주 생산하는 경우에 라인 생산은 경제적이지 않으며 위에서 언급한 어떤 배치 방식으로도 생산이 가능하지만, 기밀 유지가 필요한 경우 등 특수 조건이 있는 경우에 채택되는 방식이다.

위치고정형(프로젝트) 배치는 **재료 고정형 생산**, **고정식 배치**라고도 하며, 재료의 흐름이 없는 방식이다. 따라서 생산에 필요한 기계는 이동식 기계이거나 기계설비에서 가공 작업 지점까지 필요한 배관과 배선이 가능한 장치를 설치하여 사용한다.

제 **4** 장 ▶ 공정 관리

4-1 공정 관리

공정 관리란

원재료가 가공되어 제품화되는 생산 활동의 진행 과정을 **공정**이라고 하고, 특히 공장 안에서의 일련의 공정을 **제조 공정**이라고 한다. 이 제조 공정을 능률적인 방법으로 계획·운영하는 일을 **공정 관리**라고 한다.

즉, 생산 계획에 따라 제품의 품종, 수량, 완성 시기 및 생산 방식이 정해지면 공정 계획과 일정 계획을 세워 작업 순서를 정하여, 작업을 할당하고 재료를 보내 생산에 착수시키며 진도 관리를 통해 작업이 계획대로 진행되도록 지도와 통제를 한다.

이와 같이 공정 관리는 생산에 수반되는 계획-실시-통제로 이어지는 관리를 통해 제품의 생산량과 납기일을 확실하게 하는 것으로 생산 활동 중에서 가장 중요한 위치를 차지한다.

공정 관리를 기능면에서 분류하면 표 4-1과 같다.

|표 4-1| 공정관리의 기능 분류

	기능	계획·통제	내용
공정 관리	계획 기능	공정 계획 일정 계획	순서 계획에 따라, 작업의 순서, 방식, 시간, 장소 등을 계획하고, 수주 수량에 대한 생산 능력을 명확하게 해서 조정한다.
	통제 기능	분배 통제 공정 통제	분배 계획에 따라, 작업 할당과 개시를 하고 공정이 예정대로 진행되도록 통제한다.

4-2 공정 계획

공정 계획에는 개별 제품의 제작 순서를 계획하는 순서 계획과 적절한 기계 및 인원의 배치를 계획하는 공수 계획, 부하 계획 등이 있다.

공정 계획은 다품종 제품을 개별 생산하는 경우는 거의 모든 제품에 대해 그때마다 실시해야 하지만, 일정 품종의 제품을 연속 생산할 경우에는 최초 생산 단계에서 실시하면 된다.

1 순서 계획

순서 계획은 설계된 제품에 대해 설계도를 바탕으로 실제로 물품을 제작하는 데 필요한 작업의 순서와 방법 및 기계와 치공구, 사용 재료, 가공 장소 등을 정하는 일이다. 순서 계획을 표로 나타낸 것을 **순서표** 또는 **공정표**라고 하는데, 예를 들면 그림 4-1과 같다. 순서표에 기입하는 항목은 다음과 같은 내용에 대해 한 품목별로 작성한다.

❶ 제품 또는 부품의 명칭과 번호
❷ 작업의 명칭과 내용 및 순서
❸ 작업자의 필요 인원과 기능 정도
❹ 작업에 사용하는 기계 설비의 기종, 정밀도 및 치공구·설치구
❺ 작업 표준 시간
❻ 사용 재료의 품질, 형상, 치수, 수량 등

순서표는 제작 계획과 분배의 기초 자료로 제조 현장에서 사용되는 것은 물론, 창고, 구매, 외주, 설비, 치공구, 노무 등의 각 부문으로 보내져서 생산의 준비 자료로 이용된다.

|그림 4-1| 순서표의 예

순 서 표

년 월 일 발행

개략도			도면 번호		TP-185B		
			제품명		기어 펌프		
			부품명		스터드 볼트		
			재료		S25C		
			1대분 개수		2		
공정 번호	작업 내용	작업 지시표 번호	사용 기계	치공구	표준 시간(분)	작업 인원	비고
1	선삭	FOT-156	터릿 선반	FO-205	2	1	
2	나사내기	FMS-130	나사 전조기	FM-135	1	1	

2 공수 계획

공수란 작업원 한 명에 할당된 작업량의 단위를 말하며, 보통 사람·시간(1인 1시간, man hour)으로 나타낸다. 사람·일수(1인 1일)을 단위로 하는 경우도 있는데, 이때는 **인공**이라고 한다. 자동 기계에 의한 작업인 경우에는 1대분의 기계의 가동 시간이 기본이 된다.

공수 계획이란 주문품의 가공에 필요한 공수를 공정별, 또는 부품별로 사람·일수, 사람·시간 등의 소요 공수로 환산하는 것을 말한다. 이 계획은 기준 일정 계획, 일정 계획 외에, 인원 계획, 설비 계획, 원가 계산 등의 기초 자료가 된다.

공수 계획의 작성 순서는 다음의 순서 1~4와 같으며, 아울러 순서 5에 나타낸 것과 같이 구해진 부하 공수와 능력 공수에 따라 필요 인원과 필요 기계 대수를 산출할 수 있다.

순서 1 표준 공수를 구한다.

여유 시간을 포함한 제품 1개당 작업 표준 시간을 **표준 공수**라고 한다. 표준 시간에 대해서는 5-5절에서 설명하였다.

순서 2 생산 예정량을 구한다.

공정의 불량률을 추정하여 다음 식으로 산출한다.

$$\text{생산 예정량} = \frac{\text{수주수량}}{1-\text{불량률}}$$

순서 3 1개월(일정 기간) 당 **부하 공수**를 구한다. (여기서는 일정 기간을 1개월로 함)

공정에 할당하는 일의 양을 **부하**라고 하며, 부하 공수는 다음 식으로 산출한다.

1개월당 부하 공수 = (표준 공수)×(1개월당 생산 예정량)

순서 4 1개월당의 **능력 공수**를 구한다.

현재 보유하고 있는 작업원과 기계가 일을 달성할 수 있는 능력을 공수로 나타낸 것을 **능력 공수**라고 하며, 다음 식으로 산출한다.

① 1개월 1인당의 능력 공수

= (1일당 실가동 시간[*5])×(1개월당 가동 일수)×(1-결근율)

[*5] **실가동 시간** 소정의 취업 시간(구속 시간)과 조기 출근·잔업 시간의 합계에서 소정의 휴식 시간과 조퇴·지각 시간을 뺀 시간을 말하며, **실질 가동 시간** 또는 **실가동 시간**이라고도 한다.

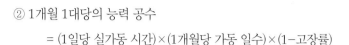

② 1개월 1대당의 능력 공수

= (1일당 실가동 시간)×(1개월당 가동 일수)×(1−고장률)

순서 5 필요 인원, 필요 기계 대수를 구한다.

① 필요 인원

$$= \frac{1개월당 부하 공수}{1개월 1인당의 능력 공수}$$

② 필요 기계 대수

$$= \frac{1개월당의 부하 공수}{1개월 1대당의 능력 공수}$$

산출된 공수는 공정별, 부품별, 작업장별, 주문별 등으로 나누어져 공수표로 정리된다.

그림 4−2는 필요한 각 부품에 대해 순서 계획에서 만들어진 가공 순서에 표준 공수를 기입한 공정별 공수표의 일례를 나타낸 것이며, 표 4−2는 가공 순서에 따라 부품번호 필요한 공수를 명시한 부품별 공수표의 일례이다.

|그림 4−2| 공수표(공정별) 예

공정 부품	가공 대기	선삭	구멍뚫기	나사내기	연삭	조립	완성
A	▽	① 2.5	② 0.5		③ 1.0		
B	▽	① 2.0		② 1.5	③ 1.0	④ 1.0	▽
공수 합계		30	5	20	15	10	

|표 4−2| 공수표(부품별) 예

가공 순서	부품 A		부품 B	
	공정	공수	공정	공수
1	선삭	2.5	선삭	2.0
2	구멍뚫기	0.5	나사내기	1.5
3	연삭	1.0	연삭	1.0
4			조립	1.0
공수 계		4.0		5.5

3 부하 계획

주문품의 부하 공수와 공장의 능력 공수를, 공장 계획에 따라 공정별 또는 작업장별로 정리하고, 이 양쪽을 비교하면서 생산량과 납기 등을 고려해 일을 기간별로 배분하는 것을 **부하 계획** 또는 **부하 배분**이라고 한다. 또한, 부하를 기간별로 차례로 쌓아간다는 데서 **부하 적산법** 또는 간단하게 **적산**이라고도 한다.[6]

부하 계획에서, 만약 작업 능력이 부족한 경우는 작업 시간 연장, 외주 등을 이용해 조정하고, 장기적으로 보아 능력 부족이 예상되면 설비와 인원을 증강한다.

즉, 공정계획자는 항상 직종별 및 기계별 생산 능력에 대해 얼마만큼 일을 부하할 수 있는가를 알고 있어야 한다. 이 능력과 부하와의 차이를 **여력**이라고 부르며, 부하와 능력을 균일화하여 여력을 작게 유지할 수 있도록 계획을 세우는 것이 중요하다.

그림 4-3은 새로 주문을 받은 일의 양의 양[그림 (a)]을 미리 부하 계획이 끝난 기계 1, 기계 2에 부하 배분한 결과[그림 (b), (c)]를 나타낸 것이다.

부하 배분 방식에는 다음의 두 가지 방법이 있다.

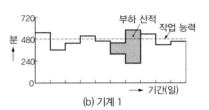
(a) 새로 부하되는 일의 양

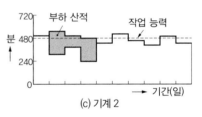
(b) 기계 1

(c) 기계 2

|그림 4-3| 부하 적산법

(1) 순행 부하법(forward type)

현시점을 기준으로 여력이 있는 공정에 순차적으로 부하 배분을 하여 납기를 산정하는 방법으로, 배분 순서는 간단하지만 납기에 여유가 없을 때는 적용할 수 없다.

(2) 역행 부하법(backward type)

납기를 기준으로 최종 공정에서부터 역방향으로 차례로 부하를 배분하는 방법으로, 계획 중에 부하의 이동과 조정이 많을 때는 계산이 복잡해지지만, 납기를 기준으로

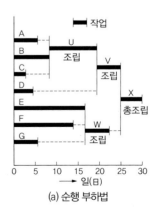
(a) 순행 부하법

---

[6] **부하 계획법** 일반적으로 이용되는 것에는 부하 적산법, 선형 계획법, 정수 계획법, 동적 계획법 등이 있으며 컴퓨터에서 사용이 가능하도록 프로그램이 개발되고 있다.

하므로, 제품 재고의 기간을 짧게 할 때와 수주 후의 부
하 배분 등에 적용된다.

그림 4-4는 조립 작업에서 순행 부하법[그림 (a)]과 역
행 부하법[그림 (b)]의 부하 배분을 나타낸 것이다.

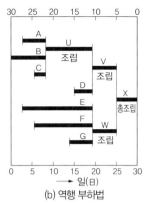

(b) 역행 부하법

|그림 4-4| 조립 작업의 부하 배분 방식

4 일정 계획

(1) 일정 계획이란

각 공정의 착수부터 완성까지의 작업 날짜를 정하는 것을 **일정**이라고 하며, **일정 계획**
이란 순서 계획을 바탕으로 작업에 가장 적합한 일정을 계획하는 일이다.

즉, 수주 생산의 경우는 납기를 목표로 하고, 시장 생산의 경우는 생산 계획에 정한 기
일을 목표로 하여 자재 입수와 설비·작업원의 여력 등을 고려하면서 각 작업을 시간을
중심으로 배열하는 것으로, 이를 통해 각 공정의 **가동률**[*7]을 높여 생산 기간을 단축시킴
으로써 경제적 향상을 도모하는 것이다.

제품과 부품의 일정 계획을 표로 만든 것을 **일정 계획표** 또는 **일정표**라고 하며, 그 목
적에 맞춰 제품별, 부품별, 기계별, 작업별 등의 일정표가 만들어진다. 또한 일정표에는
생산 계획에서 장기, 중기, 단기로 나누었던 것처럼 그 이용 목적에 따라 대일정, 중일
정, 소일정이 있다.

① **대일정 계획** : 공장장이나 **최고 경영진**용으로서, 반년 내지 1년에 걸쳐 생산하는 매
   월의 품종과 수량을 중심으로 한 일정 계획.

② **중일정 계획** : 부문 관리자용으로서, 1~3개월에 걸쳐 생산하는 제품과 부품을 주간
   내지 열흘당의 수량을 중심으로 한 일정 계획.

③ **소일정 계획** : 현장 관리자용으로서, 주간 내지 열흘에 걸친 작업에 대한 매일의 일
   정 계획.

그림 4-5는 제품별 대일정 계획의 일례이다. 일반적으로 일정은 다음과 같은 순서로 계
획한다.

[*7] **가동률** 작업자나 기계 설비 등의 전체 작업 시간에 대해 효과적으로 일한 작업 시간의 비율을 말한다.

|그림 4-5| 종합 일정표(제품별)

항목	2월					3월					4월					5월					6월				
	5	10	15	20	25	5	10	15	20	25	5	10	15	20	25	5	10	15	20	25	5	10	15	20	25
설계 출도																									
재료 계획																									
순서 계획																									
외주 계획																									
치공구 준비																									
재료 출고																									
작업표 작성																									
기계 가공																									
조립 작업																									
시운전																									
출고																									

① 제품 또는 제품군별로 기준 일정을 세운다.

② 생산의 대일정 계획을 세운다.

③ 제품이나 부품의 중일정 계획을 세운다.

④ 작업의 소일정 계획을 세운다.

(2) 기준 일정 계획

하나의 제품이나 부품을 완성하는 데 소요되는 시간은 가공 시간뿐만 아니라 재공품의 작업이 완료될 때까지의 가공 대기, 공정 간 운반을 위한 운반 대기, 정체를 포함한 여유 시간이 필요

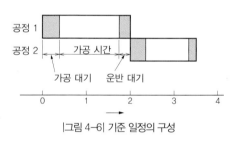

|그림 4-6| 기준 일정의 구성

하다. 이러한 것을 합계한 시간을 기준으로 각 공정을 가공 순서에 따라 배열하고, 그 제품 또는 부품의 생산 착수에서 완성까지의 표준적인 소요 일정을 명시한 것을 **기준 일정**이라고 하며, 그 단위에는 일반적으로 1일을 사용한다. 이 기준 일정에 영향을 주는 여유 시간을 가늠하는 방법은 과거 수개월의 실적값을 조사하여 그 평균값보다 약간 작은 값으로 한다. 그림 4-6은 기준 일정의 구성을 나타낸 것이다.

기준 일정을 만드는 목적은 주문에 의해 납기가 정해졌을 때, 납기 안에 작업을 끝내기 위해서는 어떤 공정을 먼저 해야 하는지 또는 그 개시 시기는 언제가 될 것인지 등 부하 배분의 자료를 구하는 것이다. 어떤 주문에 대해 그림 4-2의 공정 순서를 예로 기준 일정을 만드는 순서를 나타내면 다음과 같다.

순서 1 개별 제품 또는 부품의 각 공정별 기준 일수를 기입하여, 그림 4-7과 같이 표로 정리한다.

부품	1		2		3		4	
	공정	기준 일수	공정	기준 일수	공정	기준 일수	공정	기준 일수
A	선삭	3	구멍 뚫기	1	연삭	1.5	→	
B	선삭	2.5	나사내기	2	연삭	1.5	조립	1

|그림 4-8| 가공공정표

순서 2 순서 계획에 나타낸 부품별 각 공정을 그림 4-8과 같이, 가공 순서에 따라 나열한다.

|그림 4-8| 기준 일정(부품별)

순서 3 가공 순서의 순위를 그대로 두고,

각 부품의 공정이 서로 겹치지 않도록 배치한다.

이것을 **기준 일정표**라고 하며, 그림 4-10에 나타내었다.

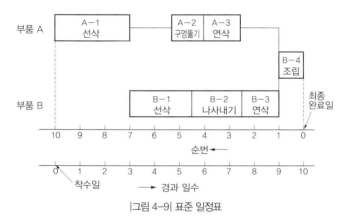

|그림 4-9| 표준 일정표

순서 4 기준 일정표의 오른쪽에 있는 최종 완료일을 0으로 하고, 역행 부하법에 따라 가공 순서와 반대 방향으로 일정을 눈금으로 표시하면, 이 눈금에 따라 납기 안에 작업을 완료하기 위한 각 공정의 개시 시기를 알 수 있다. 눈금에 매겨진 순위를 나타내는 수치를 순번이라고 하고 그 단위는 보통 1일을 1번으로 하는데, 공기가 긴 경우는 2일 내지 1주일로 하는 경우도 있다.

4-3 작업의 분배와 통제

1 작업 분배

생산 계획을 바탕으로 만들어진 분배 계획에 따라 기계, 자재, 인원 등의 준비가 각 관련 부문에 지시되어 작업자와 설비에 작업을 할당·개시하게 하는 절차를 **작업 분배** 또는 **발송**이라고 한다.

발송을 할 때는 작업의 내용과 시간 등을 기재하고, 작업 착수를 지시하는 **작업표**(그림 4-10), 부품, 재료 또는 치공구 등의 출고를 요구하는 **출고표**(그림 4-11), 작업 중간품과 완성품을 검사·기록하기 위한 **검사표**(그림 4-12), 각 공정 간 가공품의 이동 순서와 시기, 이동 장소 등에 대한 지시와 인도 기록에 사용하는 **이동표**(그림 4-13) 등을 발행한다. 그림 4-14는 각 전표가 이동하는 경로를 나타낸 것이다.

이러한 전표는 각 현장을 담당하는 팀장 등이 필요에 따라 작성하여 발행하거나 생산 계획을 세우는 전문 인력들이 작성하며 그림 4-15에 나타낸 **발송판**이라는 작업표 수납함을 통해 발송이 이루어진다.

최근에는 전표 발행이나 기재 대신 정보시스템을 이용해 작업장의 단말기와 종합관리실의 응답을 통해 작업 분배와 실시에 관한 정보 전달이 신속하게 이루어지고 있다.

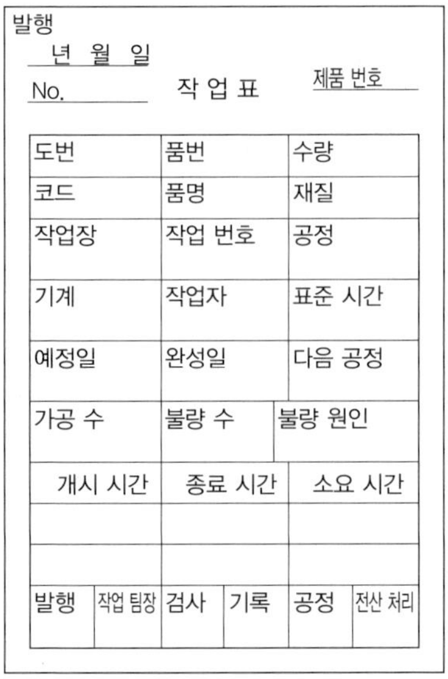

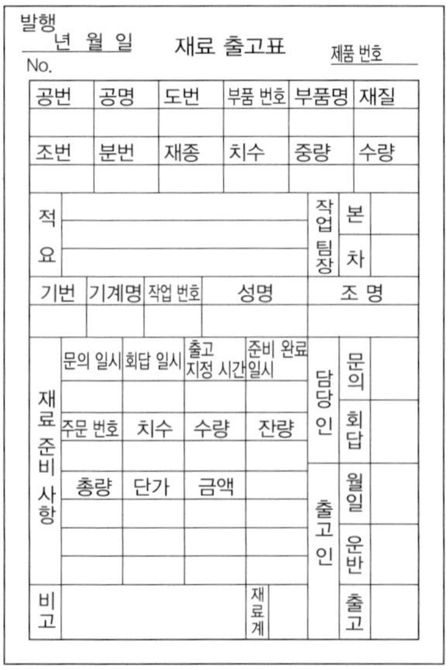

|그림 4-10| 작업표

|그림 4-11| 재료 출고표

|그림 4-12| 검사표

|그림 4-13| 이동표

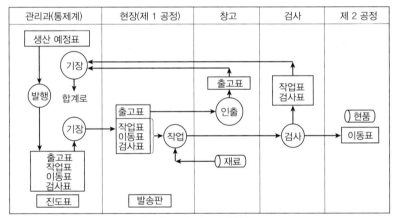

|그림 4-14| 전표의 이동경로

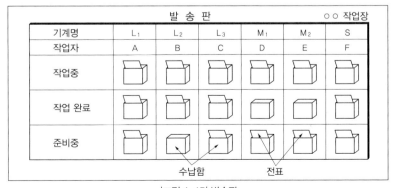

|그림 4-15| 발송판

2 공정 통제

현장에서 작업이 개시되면 현장 관리자는 끊임없이 작업 진행에 주의를 기울이고 필요에 따라 작업자에게 적절한 지도를 하며, 또한 다음에 나타내는 진도 관리, 여력 관리, 현품 관리 등을 이용해 공정을 통제한다.

(1) 진도 관리

작업 진행 중에 일정 계획과 실적을 비교하고 차이가 있을 때는 원인을 분석하여 필요한 대책을 취하는 것을 **진도 관리**라고 한다.

진도 관리를 실시할 때의 순서는 다음과 같다.

① 조사를 통해 진도 상태를 파악한다.

② 예정과 실적의 진행과 지연의 차이를 판정한다.

③ 지연이 발생했다면 진도를 정정한다.

④ 지연 원인을 조사하고 그 대책을 세워서 실시한다.

⑤ 지연 회복을 확인한 후에 다시 진도의 촉진을 꾀한다.

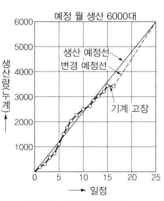

|그림 4-16| 유동수 그래프

진도를 조사하기 위해 로트 생산에서는 간트 차트(Gantt chart), 흐름 작업에서는 그림 4-16에 나타낸 **유동수 그래프**(사선식 진도표), 신제품이나 시제품에서는 PERT 등이 이용된다.

(2) 간트 차트

간트 차트(Gantt chart)는, 미국의 간트(H. L. Gantt)가 고안한 것으로, 일정 계획과 생산의 진행 상황 등을 표시할 때 이용되는 관리 도표이다. 그림 4-17은 기계 가공인 경우의 일례를 나타낸 것으로, 왼쪽 칸에 기계, 공정, 제품, 부품 등 관리하려는 항목을 적고, 위쪽 칸은 월, 주, 일 등으로 구분한다. 이 그림에 미리 각 기계별 작업량의 예정을 가는 선으로 기입해 놓고, 실제로 행한 작업 시간의 누계를 시간의 경과와 함께 굵은 선으로 표시해가면 계획과 실적의 차이를 명확하게 나타낼 수 있다.

이 간트 차트는 만드는 방법이 간단하고, 각 작업의 시간적인 진행을 한눈에 확인할 수 있기 때문에 상황에 맞게 즉각 대응이 가능하다. 그러나 작업 간의 관련성이 표시되어 있지 않기 때문에 기업의 규모가 커져서 작업 수가 늘어나면 어떤 작업을 먼저 해야 효과적인지가 불분명해지는 결점이 있다.

작업장명 M-5		터릿 선반		기계부하표(4월)			
기계명	No.	4/2	4/3	4/4	4/5	4/6
TL A	V 02		R			
"	V 03					
TL B	W 01					
"	W 02					
TL C	U 05					

㈜ V는 조사표, R은 수리 X표시는 예정 시간을 나타낸다.

|그림 4-17| 간트 차트의 예

(3) 여력 관리

생산을 진행하는 도중에 인원이나 기계 설비의 능력을 초과하는 작업량(부하)이 주어지면 지시받은 일정을 정확하게 진행시킬 수가 없고, 반대로 능력이 지나치게 크면 원가(비용)를 높이는 원인을 만든다. 4-2절 3항에서도 언급하였듯이 공정의 능력과 부하의 차이를 여력이라 하고, 이 여력을 제로로 하거나 가능한 한 적게 유지할 수 있도록 조정하는 것이 **여력 관리**이다. 여력은 일반적으로 공수로 나타내므로 **공수 관리**라고도 한다.

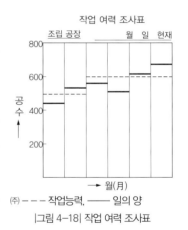

㈜ - - - 작업능력, ── 일의 양

|그림 4-18| 작업 여력 조사표

여력 관리는 일반적으로 다음 순서로 진행한다.

① 할당된 작업량(부하)을 조사한다.

② 사람, 기계, 설비, 원재료 등 현재 보유 능력을 조사한다.

③ 여력을 산출하고 그 값이 클 때는 조정한다.

④ 조정 결과를 반영하여 실시하기 위해 소일정 계획의 예정표를 작성한다.

여력 조정에서 능력이 부족할 때는 작업 분배를 다시하거나 잔업, 다른 작업장으로부터의 지원, 외주 등을 하고, 능력이 지나치게 클 때는 작업량을 늘리거나 다른 작업장에 지원 등의 조치를 취한다.

작업의 여력을 조사하기 위해서는, 그림 4-18의 **여력 조사표**나 앞에서 언급한 간트 차트 등을 이용해 작업장별, 공정별로 부하와 능력을 그림으로 나타낸다.

여력 조사는 공정 통제 시 도움이 될 뿐만 아니라, 수주량과 예정 생산량 조절 등에도 중요한 자료로 이용할 수 있다.

(4) 현품 관리

재료가 공장에 들어오고 계속해서 가공되어 제품이 될 때, 어느 시점에서 현품의 소재 위치와 수량을 확인하는 것을 **현품 관리** 또는 **현물 관리**라고 한다.

계획 수량과 현품 수량 사이에 차이가 생기는 원인은 이동 도중에 현품의 변질, 파손, 분실, 유용, 보관 장소의 이전, 전표의 오류 등에 기인한다. 이에 대한 관리 방법으로는 매일 생산고와 불량 상황에 대한 보고를 진도표나 장부에 기록하여 예정과 실적을 비교하고, 또한 정기적으로 현품 조사(재고 조사)를 실시하여 실제 수량을 점검해야 한다.

그리고, 관리 내용을 보다 충실히 하려면 현품 보관의 책임자, 장소, 방법 등을 명확히 하고, **현품표**[8] 등을 이용한 공정 간의 확실한 전달, 용기 표준화, 불량품의 확실한 관리 등을 실시한다.

4-4 PERT

1 PERT[9]란

PERT란 일정 계획의 한 기법이다. 특징은 미리 전체 공정에서 중요한 작업군을 찾아 우선적으로 합리화를 도모함으로써 공기를 단축하려는 것으로, 공정 중의 각 작업을, 그림 4-19과 같이 화살선을 이용한 **네트워크** 모양의 도형으로 나타내어 계획하는 것이다.

---

[8] **현품표** 현품 표찰이라고도 하며, 현품의 가공이 완료될 때까지, 이동하는 현품에 철사 또는 셀로판테이프 등으로 붙여서 다른 물품과 확실하게 구별되도록 하는 것으로, 기재된 내용은 이동표와 같다.

[9] **PERT** 어원은 Program evaluation and review technique(프로젝트 평가 및 재검토 기법)로, 이것의 머리글자를 딴 약칭이지만, 경영공학 이외의 분야에서도 프로젝트 관리 방법으로서 폭넓게 사용되고 있다.

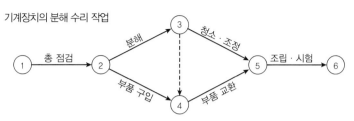

기계장치의 분해 수리 작업

|그림 4-19| 애로 다이어그램을 이용한 네트워크의 일례

이 기법의 발생 유래는 1958년에 미 해군이 폴라리스 미사일을 탑재한 잠수함을 건조할 때 개발된 것으로, 이 계획 기법에 의해 처음 예정 공기였던 7년을 2년이나 단축시켜 완성했다. 그 결과, PERT가 일정 계획에 유효적절한 수단으로 주목받아 일반에 널리 활용되게 되었다.

주요 적용 부문으로는, 공장 건설, 공장 설비의 배치와 수리 계획, 신제품 개발, 기타 복잡한 관계를 가진 작업 공정, 수리 계획, 건설 공사 등을 들 수 있다. 만약 폴라리스함 건조처럼 큰 프로젝트라서 작업 수가 매우 많고 복잡해지는 경우에는, 컴퓨터를 사용하여 신속하게 처리할 수 있다.

즉, PERT의 기법은 공정 전체에 포함되는 많은 작업의 소요 일수를 산출하여 각 작업의 순서 관계를 뒤에서 언급할 작업표의 애로 다이어그램(화살선도)으로 나타내고, 이것들을 바탕으로 작업의 개시 일정과 종료 일정을 계산하는 것으로, 이러한 일정을 통해 작업의 조합과 순서를 합리적으로 관리할 수 있도록 그 평가와 검토를 실시하면서 신속하게 계획을 진행해 나갈 수 있다.

여기서는 주로 PERT의 기본적 기법으로 이용되는 애로 다이어그램의 규약과 작성법, PERT 계산에 필요한 일정에 관한 기초적인 사항을 서술하겠다.

2 애로 다이어그램이란

PERT를 도시할 때 이용하는 애로 다이어그램(arrow diagram)은 **작업**(액티비티 : activity)을 **화살선**(애로 : arrow)으로 표시하고 작업과 작업을 동그라미(○)로 묶어 작업의 선행, 후속 등의 순서 관계를 나타낸 것이다. 이 동그라미를 **결합점**(노드 : node) 또는 **이벤트**(event)라고 한다.

애로 다이어그램의 도시법에는 표 4-3과 같은 규약이 있다. 단, 여기서는 작업명을 A, B, …처럼 알파벳을 사용하여 간략화하였다. 또한, **더미**(dummy activity : 명목 작업)는 임시로 설정한 명목상의 작업으로 점선 화살표로 표시하며 작업 활동이나 작업 시간을 갖지 않고 작업 순서와 조건 등을 나타낼 때 쓰인다.

|표 4-3| 애로 다이어그램 도시법

구분	도시법	규약 설명
선행 작업과 후속 작업		후방 작업 B에 대해 전방 작업 A를 **선행 작업**이라고 하며, 반대로 전방 작업 A에 대해 후방 작업 B를 **후속 작업**이라고 한다.
결합점의 순위		결합점(동그라미) 안의 순위는 왼쪽에서 오른쪽의 순서로 기입하며, 아래쪽의 나타낸 틀린 그림처럼 되돌아가는 번호나 순서로 하지 않는다.
결합점의 합류		선행 작업이 A, B, C와 같이 몇 개가 있을 때, 이것이 전부 종료하지 않으면 후속 작업 D를 시작할 수 없다. 결합점 ④는 **합류점**을 표시한다.
결합점의 분기		선행 작업 A가 종료하면, 후속 작업 B, C, D를 시작할 수 있다. 결합점 ②는 **분기점**을 나타낸다.
더미 (d) (I)		하나의 결합점에 합류하는 화살선은 몇 개든지 허용되지만, 두 결합점을 잇는 화살선은 1개로 한정된다. 따라서 이 경우는 위 그림과 같이 더미(d)를 이용한다.
더미 (d) (II)		작업 C의 선행 작업은 A뿐이지만, 작업 D의 선행 작업이 A와 B일 때, 위 그림과 같이 결합점 ③과 ④ 사이에 더미(d)를 사용한다. 아래 그림에서는 이 구별을 명시할 수 없다.

3 애로 다이어그램 작성 방법

(1) 작업표 작성

작업표는 여러 작업으로 구성된 하나의 일을 독립된 개개의 작업으로 분할하고 각 작업의 전후 관계와 일수(또는 시간) 등을 밝혀 일람표로 만든 것이다. 표 4-4는 어떤 기계 장치의 분해 수리에 필요한 작업 조건의 예를 작업표로 나타낸 것으로, 6개의 작업 A~F로 구성되어 있다.

이 경우의 작업은 다음과 같은 관계를 나타낸다.

① 작업 A는 이 일의 첫 작업이라는 것을 나타낸다.

② 작업 B와 C는 작업 A가 종료하는 동시에 시작할 수 있다.

③ 작업 D는 작업 B가 종료하면 시작할 수 있다.

④ 작업 E는 작업 B와 작업 C 양쪽이 종료하지 않으면 시작할 수 없다.

⑤ 작업 F는 작업 D와 작업 E 양쪽이 종료하지 않으면 시작할 수 없다.

|표 4-4| 작업표

작업명	작업(기호)	작업(결합점 번호)	선행 작업	후속 작업	소요 일수
총 점검	A	(1, 2)	—	B, C	3
분해	B	(2, 3)	A	D, E	5
부품 구입	C	(2, 4)	A	E	6
청소·조정	D	(3, 5)	B	F	3
부품 교환	E	(4, 5)	B, C	F	5
조립·시험	F	(5, 6)	D, E	—	4

(2) 애로 다이어그램의 조립

앞의 항(1)의 작업표에 나타낸 작업의 전후 관계에 따라 다음과 같은 순서로 애로 다이어그램을 조립할 수 있다(그림 4-20).

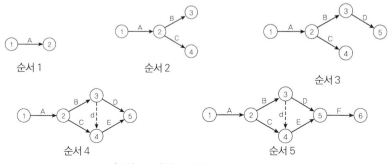

|그림 4-20| 애로 다이어그램의 조립 순서

순서 1 작업 A의 화살선의 출발점에 결합점 ①을 붙이고, 화살표 방향에 결합점 ②를 붙인다.

순서 2 작업 A는 결합점 ②에 의해 종료되었으므로 결합점 ②에서 분기시켜 작업 B와 작업 C의 화살선을 그은 후, 화살표 방향에 결합점 ③과 ④를 붙인다.

순서 3 작업 B가 종료되었으므로 결합점 ③에서 작업 D의 화살선을 그은 후, 화살표 방향에 결합점 ⑤를 붙인다.

순서4 작업 E는 작업 B와 작업 C의 관계가 있으므로 그림에 나타낸 바와 같이 더미 (d)를 이용해 결합점 ③과 ④를 연결하고, ④에서 작업 E의 화살선을 그은 후 화살표 방향에 결합점 ⑤를 붙인다.

순서5 작업 D와 E가 합류하는 결합점 ⑤에서 작업 F를 긋고, 화살표 쪽에 결합점 ⑥을 붙여서 모든 작업을 종료하고, 애로 다이어그램을 완성한다.

4 PERT 계산

작업은 각 결합점을 단락으로 하여 진행되기 때문에 우선 결합점에 출입하는 일정 또는 시각을 명확히 해야 한다. 이것은 다음과 같이 나타낸다.

(1) 가장 빠른 결합점 일정

각 결합점(둥그라미)에서 나와서 가장 빨리 작업을 시작할 수 있는 일정을 **가장 빠른 결합점 일정**이라고 한다(시간 단위로 취급할 때는 **가장 빠른 결합점 시각**이라고 한다). 이것을 구하려면, 다음의 두 가지 조건을 충족하는 값을 산출하면 된다.

① 시작점에서부터 구하려는 결합점까지의 경로에 포함된 각 작업의 소요 일수 합계.

② 결합점에 들어가는 경로가 여러 개일 때는, 각각을 합한 소요 일수 중의 최댓값.

즉, 위의 항목 ①을 식으로 나타내기 위해, 그림 4-21과 같이 구하려는 결합점의 번호를 $i(i=1, 2 \cdots)$, 그 앞에 있는 결합점의 번호를 $h(h=1, 2, \cdots :h<i)$라고 하고, 가장 빠른 결합점 일정을 각각 t_i^E, t_h^E (E : earliest), 작업(h, i)의 소요 일수를 $D_{hi}(D$: duration)로 하면, t_i^E는 다음 식으로 나타낸다.

|그림 4-21| 가장 빠른 결합점 일정 (t_i^E)

$$t_i^E = t_h^E + D_{hi} \qquad (4 \cdot 1)$$

이 계산 예로서, 표 4-4 작업표의 수치 예에서 PERT 계산 산출법을 나타낸 것이 그림 4-22이다. 이 경우, 최초 결합점 ①은 출발점에 해당하므로 $t_1^E=0$으로 하면 식 $(4 \cdot 1)$로부터 $t_2^E = t_1^E + D_{12} = 0+3 = 3$, 결합점 ③에서는 $t_3^E = t_2^E + D_{23} = 3+5 = 8$이 된다. 그러나 결합점 ④에서는, 여기에 들어가는 작업이 B와 C의 두 가지가 있기 때문에 이 두 개의 경로 ① → ② → ③ $\cdots$→ ④ 와 ① → ② → ④의 각 소요 일수로 계산하면

$$t_4{}^E = t_3{}^E + d = 8 + 0 = 8, \ t_4{}^E = t_2{}^E + D_{24} = 3 + 6 = 9$$

가 된다. 이 경우, 위의 항목 ②에도 나타낸 바와 같이, 큰 쪽의 값을 취해 9일로 하고, 이 일수가 결합점 ④의 가장 빠른 결합점 일정이 된다.

이렇게 해서 순차적으로 더한 일수를 그림 4-22와 같이 각 결합점 위쪽의 사각형 상부에 기입한다.

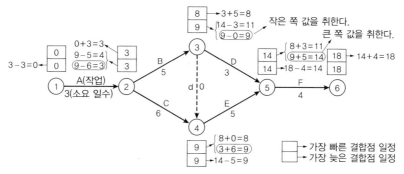

|그림 4-22| PERT 계산을 나타낸 애로 다이어그램

(2) 가장 늦은 결합점 일정

작업을 예정된 일정까지 끝내는 것으로 하고, 각 결합점에 들어오는 작업을 늦어도 이 날까지는 완료할 수 있다고 하는 한계 일정을 **가장 늦은 결합점 일정**이라고 한다. 이것을 구하려면 종료점에서 시작해서 차례로 시작점으로 거슬러 올라가서 산출한다.

즉, 다음의 두 가지 조건을 충족하는 값을 구하면 된다.

① 종료점의 결합점값에서, 구하려는 결합점까지의 각 작업의 소요 일수를 차례로 뺀 값.

② 결합점을 나오는 경로가 여러 개일 때는 각각의 경로에서 각 작업의 소요 일수를 뺀 값의 최솟값.

|그림 4-23| 가장 늦은 결합점 일정 $(t_i{}^L)$

따라서 그림 4-23과 같이 구하려는 결합점 i의 다음에 있는 결합점의 번호를 $j(j=1, 2, \cdots : i < j)$라고 하고, 가장 늦은 결합점 일정을 각각 $t_i{}^L$, $t_j{}^L$(L: latest), 작업(i, j)의 소요일수를 D_{ij}라고 하면 $t_i{}^L$는 다음 식으로 나타낼 수 있다.

$$t_i{}^L = t_j{}^L - D_{ij} \tag{4 · 2}$$

그림 4-22의 계산 예에서, 최종 결합점 ⑥에서는 모든 작업이 끝났으므로, 그 시점에서 늦어도 완료하는 날과 가장 빠르게 시작할 수 있는 날이 일치해야 하기 때문에

$t_6^L = t_6^E = 18$로 놓으면, 식(4 · 2)에서 결합점 ⑤에서는 $t_5^L = t_6^L - D_{56} = 18 - 4 = 14$, 결합점 ④에서는 $t_4^L = t_5^L - D_{45} = 14 - 5 = 9$가 된다.

그러나 결합점 ③에서는 여기서 나오는 작업이 D와 E의 두 가지가 있다. 이 두 경로를 계산하면 $t_3^L = t_5^L - D_{35} = 14 - 3 = 11$, $t_3^L = t_4^L - d = 9 - 0 = 9$가 된다.

따라서 위의 항목 ②에도 나타낸 것처럼 11일과 9일 중에서 작은 값을 취해 9일로 하며, 이 일수가 결합점 ③의 가장 늦은 결합점 일정이 된다.

이렇게 해서 차례로 뺀 일수를 그림 4-22와 같이 각 결합점 위쪽의 사각형 하부에 기입한다. 이상을 정리한 그림이 그림 4-24(a)인데 이 애로 다이아그램을 간트 차트로 표시하면 그림 (b), (c)가 된다.

즉, 이 간트 차트에 따르면 그림 (b)의 가장 빠른 시작~가장 빠른 종료가 4-2절 3항 부하계획에 나타낸 순행 부하법에 속해 있다고 하면, 그림 (c)의 가장 늦은 시작~가장 늦은 종료는 역행 부하법에 속하는 구조라는 것을 알 수 있다.

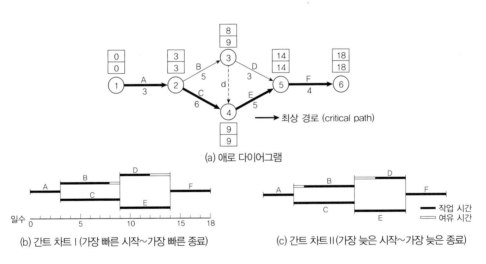

(a) 애로 다이어그램

(b) 간트 차트 I (가장 빠른 시작~가장 빠른 종료) (c) 간트 차트 II (가장 늦은 시작~가장 늦은 종료)

|그림 4-24| 애로 다이어그램과 간트 차트

(3) 가장 빠른 시작 일정과 가장 빠른 종료 일정

작업 개시에 가장 빨리 착수할 수 있는 일정을 **가장 빠른 시작 일정**이라고 하고, 가장 빠른 시작 일정에서 시작된 종료일을 **가장 빠른 종료 일정**이라고 한다.

이 작업 (i, j)의 가장 빠른 시작과 가장 빠른 종료의 두 일정은 다음 식으로 구할 수 있다.

$$\text{가장 빠른 시작 일정(ES)} = \text{가장 빠른 결합점 일정} = t_i^E$$

가장 빠른 종료 일정(EF)=가장 빠른 결합점 일정+작업 소요 일수= $t_i^E + D_{ij}$

예를 들어 그림 4–22에서 A 작업의 가장 빠른 시작 일정을 0이라고 하면, A 작업의 가장 빠른 종료 일정은 0+3=3일, B 작업에서는 시작이 3일이므로 종료가 3+5=8일이 된다. 나머지도 동일한 방법으로 차례로 구하면 표 4–5와 같이 된다.

|표 4–5| PERT 계산 정리

작업		소요 일수 D	가장 빠름		가장 늦음		총여유 일수 TF	최상 경로 CP(*표시)
결합점 기호	기호		시작 일정 ES	종료 일정 EF	시작 일정 LS	종료 일정 LF		
(1, 2)	A	3	0	3	0	3	0	*
(2, 3)	B	5	3	8	4	9	1	
(2, 4)	C	6	3	9	3	9	0	*
(3, 5)	D	3	8	11	11	14	3	
(4, 5)	E	5	9	14	9	14	0	*
(5, 6)	F	4	14	18	14	18	0	*

(4) 가장 늦은 시작 일정과 가장 늦은 종료 일정

작업 개시를 더 이상 지연하면, 예정일까지 완료할 수 없는 일정을 **가장 늦은 시작 일정**이라고 하고, 가장 늦은 시작 일정에서 시작한 종료일을 **가장 늦은 종료 일정**이라고 한다. 이 작업(i, j)의 두 가지 일정은 다음 식으로 구할 수 있다.

가장 늦은 시작 일정(LS) = 가장 늦은 결합점 일정–작업 소요 일수 $t_j^L = D_{ij}$
가장 늦은 종료 일정(LF) = 가장 늦은 결합점 일정 = t_j^L

예를 들어, 그림 4–22에서, A 작업의 가장 늦은 시작 일정은 3–3=0, 가장 늦은 종료 일정은 3일, B 작업에서는 시작이 9–5=4일이므로 종료가 9일이 된다. 나머지도 동일한 방법으로 차례로 구하면 표 4–5와 같이 된다.

(5) 여유 일수

그림 4–24(a)의 애로 다이어그램에서 결합점 ④에 이르는 경로는 ① → ② → ③ ⋯ →

④와 ① → ② → ④의 두 가지가 있다. 이들 경로에 필요한 일수는 A+B=3+5=8일과 A+C=3+6=9일이며, 그 차는 9-8=1이다. 결합점 ④에서는 B 작업과 C 작업은 동시에 작업을 시작해야 하므로, B 작업은 1일의 여유를 갖게 된다[그림 (b), (c)]. 이 1일을 **여유 일수**라고 한다.

여유 일수 중에서 다음 식으로 나타낸 것을 **총여유 일수**라고 하며, 그 작업 전체가 가진 여유를 나타낸다.

$$\text{총여유 일수(TF)} = \text{가장 늦은 종료 일정(LF)} - \text{가장 빠른 종료 일정(EF)}$$
$$= t_j^L - t_i^E - D_{ij}$$

예를 들어, 작업 B 경우를 계산하면 총여유 일수=9-8=1일이 구해진다. 이 밖에 여유 일수에는 총여유 일수에 속하면서 다른 작업과 관계가 없는 **자유 여유**(EF)와 다른 작업과 관계가 있는 **간섭 여유**(IF) 등이 있다.

(6) 최상 경로

애로 다이어그램 중에서 총여유 일수가 모두 제로가 되는 작업 경로를 **최상 경로**(CP :critical path) 또는 주 경로(주 공정)라고 한다. 표 4-5에서는 *표시가 있는 작업 경로를 가리키며, 그림 4-24(a)에서는 결합점을 묶어 표시한 ① → ② → ④ → ⑤ → ⑥의 경로가 최상 경로이다. 이 최상 경로는 애로 다이어그램에서 시작점과 종료점을 잇는 가장 시간이 많이 걸리는 최장 경로로, 이 길이에 의해 공기가 정해지므로 이것을 단축하려면 최상 경로에 있는 작업의 소요 일수를 단축하고 그 진도를 중점적으로 관리해야 한다.

4-1 어떤 차축 부품을 선삭 가공할 때, 표준 공수 2시간으로 1개월에 500개를 생산한다고 하면, 몇 대의 선반이 필요한가? (단, 1일 실가동 시간 8시간, 1개월당 가동일수 25일, 불량률 5%, 기계 고장률은 10%로 한다.)

4-2 아래 그림과 같은 애로 다이어그램의 경우, 결합점 6에서 시작하는 작업 G는 작업 ☐, ☐, ☐, ☐가 전부 종료되지 않으면 시작할 수 없다. ☐ 안에 적당한 작업 기호를 넣으시오.

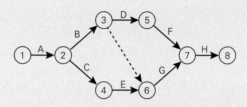

4-3 위 그림과 같은 애로 다이어그램에서 가장 빠른 결합점 일정(t_i^E)의 값을 구해 ☐ 안에 기입하고, 최상 경로(CP)를 굵은 선으로 나타내시오.

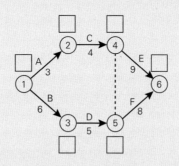

제5장 작업 연구

5-1 작업 연구란

작업을 과학적으로 분석하여 불필요한 동작을 제거하고 작업 시간을 단축해서 작업자의 피로를 덜어 가능한 한 균일한 양질의 제품을 생산할 수 있는 최적의 작업 방식인 표준 작업을 찾기 위한 분석 기법이다. 또한 공구와 설비, 작업 방법, 작업 조건 등을 표준화하고 표준 작업 방법에 따라 훈련을 실시하고, 그 상태에서 표준 시간을 정한다. 이러한 조직적인 연구를 **작업 연구**라고 한다.

이 기법은 현장 작업의 합리화에 도움이 될 뿐만 아니라, 생산 관리의 전반에 적용할 수 있는 한편, 사람의 행동이 수반되는 사회의 모든 분야에도 폭넓게 적용할 수 있다.

작업 연구는 크게 방법 연구와 시간 연구로 나뉘고, 방법 연구는 다시 공정 분석과 동작 연구로 나누어진다.

5-2 공정 분석

1 공정 분석이란

공정 분석은 생산 현황을 각 공정별로 분석하여 물건의 흐름을 중심으로 작업 조직을 전체적으로 조사하고 분석하는 것으로서 다음과 같은 목적으로 실시한다.

❶ 물건의 흐름을 분석하여 흐름을 개선한다.
❷ 공정의 분할 방법과 배열 순서의 적합 여부를 확인한다.
❸ 작업 방법과 설비를 개선한다.
❹ 표준 공정의 자료를 얻는다.

2 공정 분석 방법

원재료가 공장에 반입되어 제품이 될 때까지의 물품의 흐름을 공정 요소별로 분석하고, 그 내용과 상호 관계를 조사, 연구하는 것을 **공정 분석**이라고 한다.

|표 5-1| 공정 도시 기호

(a) 기본 도시 기호(KS A 3002-1989년 제정, 1997년 확인 규격)

요소 공정	기호의 명칭	기호	의미
가공	가공	◯	원료, 재료, 부품 또는 제품의 모양, 성질에 변화를 주는 과정을 나타낸다.
운반	운반	○	원료, 재료 부품 또는 제품의 위치에 변화를 주는 과정을 나타낸다. 운반 기호의 지름은 가공 기호의 ½, ⅓의 크기로 한다. 기호 ○ 대신에 ⇨를 사용해도 좋다. 다만 이 기호는 운반의 방향을 뜻하지는 않는다.
정체	저장	▽	원료, 재료, 부품 또는 제품을 계획에 따라 저장하고 있는 과정을 나타낸다.
	지체	D	원료, 재료, 부품 또는 제품이 계획에 반하여 지체되고 있는 상태를 나타낸다.
검사	수량 검사	□	원료, 재료, 부품 또는 제품의 양이나 개수를 계량하여 그 결과를 기준과 비교하여 차이를 파악하는 과정을 나타낸다.
	품질 검사	◇	원료, 재료, 부품 또는 제품의 품질 특성을 시험하고, 그 결과를 기준과 비교하여 로트의 합격·불합격 또는 개별 제품의 양호·불량을 판정하는 과정을 나타낸다.

(b) 복합 도시 기호의 예

기호	의미
◇◯	가공 중에 품질 검사를 한다.
⬡	가공을 주로 하면서 운반도 한다.
Ⓟ	파이프로 운반.
Ⓙ	지게차로 운반.
△	원료나 재료의 저장.
▽	완성 부품이나 제품의 저장
▽	공정 간 일시 보존.
✡	가공 중 일시 대기.
◇□	수량 검사를 주로 하면서 품질 검사도 실시한다.
◯□	수량 검사 중 수정.
◇□	품질 검사를 주로 하면서 수량 검사도 실시한다.
◇◯	품질 검사 중 수정.

(C) 보조 도시 기호(KS A 3002)

기호의 명칭	기호	의미
흐름선	│	순서 관계를 알기 어려울 때, 흐름선의 끝부분 또는 중간 부분에 화살표를 그려서 그 방향을 명시한다. 흐름선의 교차 부분은(그림 c–4)로 표시한다.
구분	〰〰	공정 계열에서의 관리상의 구분을 나타낸다.
생략	═══	공정 계열의 일부분 생략을 나타낸다.

공정은 그 성질에 따라 가공, 운반, 저장, 정체, 검사로 분류되고, 또한 정체는 저장과 지체로, 검사는 수량 검사와 품질 검사로 다시 분류된다.

이처럼 제품을 생산하는 공정이 위와 같은 요소별로 분할된 경우 이 분할된 각각의 공정을 **요소 공정**이라고 한다.

이들 요소 공정을 기호화한 것을 **공정 도시 기호**라고 하고, 표 5–1에 나타낸 것과 같이 KS에서는 기본 도시 기호와 보조 도시 기호를 정해 놓고 있다. 이 기호를 이용해 공정도를 그리면, 공정 분석 결과를 확실하게 알 수 있다. 공정을 더욱 상세하게 분석할 때는 기본 도시 기호의 오른쪽에 나타낸 복합 도시 기호를 같이 사용한다. 이 경우, 기본 도시 기호를 조합해 만든 기호를 복합 도시 기호라고 부르며, 이러한 도시법은 메인이 되는 요소 공정을 바깥쪽에, 서브가 되는 요소 공정을 안쪽에 나타낸다.

거리 (m)	시간 (분)	공정 경로	공정의 내용
		▽	재료 창고
		〰	소관 구분
10	0.70	⊗	지게차로 기계공장에
20	20.00	▽	팔레트 위
1	0.05	⊗	으로 기계에
	1.00	①	밀링머신에서 단면 절삭
3	0.20	⊗	컨베이어로 자동 이송
	1.00	②	선반에서 황삭
3	0.20	⊗	컨베이어로 자동 이송
	1.50	③	선반에서 정삭
3	0.20	⊗	컨베이어로 자동 이송
	0.50	◇④	축 지름의 검사
		╪	이하 생략

[주] 가공 · 검사 기호내의 숫자는 요소 공정의 순서 번호를 나타낸다.

|그림 5–1| 공정 도시 기호를 이용한 공정 분석의 일례

또한 공정도에서는, 공정 계열이 시작되는 상태와 끝나는 상태를 각각 저장 기호를 이용해 나타내며 계열은 원칙적으로 세로로 도시한다.

그림 5–1은 이러한 공정 도시 기호를 이용하여 도시한 공정 분석의 일례를 나타낸 것이다.

공정 분석의 방법에는 여러 종류가 있는데 일반적으로 사용되는 다음 두 가지에 대해 설명하겠다.

(1) 공정 경로도

제품과 부품의 흐름을 가공, 운반, 검사, 정체의 4요소로 분할하고, 이들 요소가 각 공정 순으로 나타나는 상태를 그림 5-2와 같은 공정 경로도에 표시하고, 구체적으로 분석, 검토하는 분석법이다.

공정 경로도는 분석 목적에 따라 다음 두 가지로 나눈다.

① 재료를 주체로 하는 경우
② 사람을 주체로 하는 경우

①은 대량 생산에서 조립이나 부품 가공 등의 경우에, ②는 순회 보존 작업이나 운반 작업의 경우이다.

공정 내용	거리 (m)	시간 (분)	공정 계열 ○ ⇨ ▽ ◻ □ ◇
재료 창고			
지게차에서	10	0.70	
팔레트 위		20.00	
손을 사용해 기계로	1	0.05	
밀링머신에서 단면 절삭		1.00	
컨베이어로 자동 이송	3	0.20	
선반에서 황삭		1.00	
컨베이어로 자동 이송	3	0.20	
선반에서 정삭		1.50	
컨베이어로 자동 이송	3	0.20	
축 지름 검사		0.50	
컨베이어로 자동 이송	5	0.35	
담금질		1.00	
손을 사용해 보관 장소로	2	0.10	
팔레트 위		15.00	
손을 사용해 기계로	2	0.10	
연삭 마무리		1.50	
손을 사용해 검사대로	1	0.05	
표면 검사		0.60	
수량 검사		0.10	
지게차로 운반	5	0.50	
완성품 보관 장소로			
합계	거리 35 (m)	횟수 시간	5 10 4 0 1 2 / 6.00 2.45 35.00 0.00 0.10 1.10

|그림 5-2| 공정 경로도(자동차 축 부품의 공정 예)

(2) 흐름선도

공장 내 또는 공장 사이에서 재료나 부품 등이 어떠한 경로로 흐르는가에 대해, 기계의 배치와 공정의 순서를 그림 5-3과 같은 흐름선도를 이용해 검토한다. 평면적인 흐름과 함께 상하 이동이 수반되는 입체적인 움직임을 나타내는 선도도 필요하며, 이러한 것을 몇 가지 작성하여 비교 검토한 후, 가장 합리적인 것을 채택한다.

배치 방법을 구체적으로 결정할 때는 공장 건물의 축척 평면도에 기계 설비를 직접 기입하는 대신에 형판을 사용해 배치하고 물품에 대한 최적의 흐름을 검토한다. 또한, 축

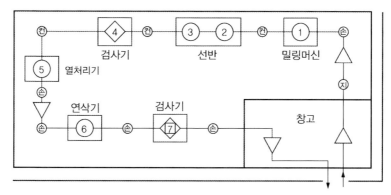

|그림 5-3| 공정 흐름선도

척 모형을 사용해 가장 실체에 가까운 상태에서 입체적으로 검토하는 경우도 있다.

이러한 분석 결과는 특히 다음 사항에 유의하여 검토해야 한다.

① 재료의 흐름에 교차나 역류, 혼잡 등이 있기 때문에 각 공정에 폐지, 합병, 순서 변경이 필요하지는 않은가.

② 각 공정 간 연락에 거리적, 시간적으로 낭비가 없는가.

③ 가공, 운반, 보관, 검사의 방법이 적절한가.

3 흐름 작업

(1) 흐름 작업이란

가공 공정을 자세하게 분할하여 기계, 설비, 인원을 제조 작업 순으로 배열하고, 생산을 일정한 흐름으로 진행하는 작업 방식을 **흐름 작업** 또는 **라인 생산 방식**이라고 한다.

흐름 작업의 생산 방식을 편성할 때 주의할 점은 다음과 같다.

① 작업을 분석하여 각 공정의 조합과 순서를 조정하고, 작업 시간을 거의 일정하게 한다. 라인 생산 방식에서는 공정을 (작업) 스테이션이라고 한다.

② 흐름은 가급적 단순하고 직선형으로 하며, 흐름이 가능한 한 교차되지 않도록 한다.

③ 지도, 조정 및 교체 요원을 적절히 배치한다.

(2) 흐름 작업의 종류

가공품의 흐름 방식에 따라 다음과 같은 종류가 있다.

(a) **수동 이송식** : 가공이나 조립이 끝난 물품을 사람의 손을 이용해서 다음 공정으로 보내는 방식이다. 주로 생산량이 적은 소형 물품의 작업 등에 이용된다.

(b) **택트 방식**(tact system) : 전 공정을 동일한 작업 시간이 되도록 나누고, 일정 시간마다 물품 또는 작업원이 일제히 다음 공정으로 이동하여 작업을 하는 방식이다. 따라서 이동 시간 중에는 작업이 중단된다. 물품의 이동에는 컨베이어나 기타 반송 설비가 사용된다. 주로 중량물이나 용적이 큰 물품의 소량 내지 중량 생산에 이용된다.

(c) **컨베이어 방식**(conveyor system) : 전 공정을 컨베이어를 사용해 물품을 연속적으로 운반하며 그 도중에 작업자가 각자 맡은 작업을 해나가는 방식으로 대량 생산에 최적이다. 컨베이어에는 일반적으로 많이 사용되고 있는 벨트(belt) 컨베이어 외에 슬랫(slat) 컨베이어, 팔레트(pallet) 컨베이어, 트롤리(trolley) 컨베이어 등이 있다(6-4절 참조).

(3) 흐름 작업의 장점, 단점

흐름 작업은 일반적으로 대량 생산에 사용되는데, 다음과 같은 장점과 단점이 있다.

장점
① 작업이 표준화되므로 품질의 격차가 줄어들고, 생산량은 작업 시간에 거의 비례한다.
② 제품의 흐름에 의해 운반 거리와 시간이 짧아지고 재공품을 줄여서 제조 기간을 단축시킨다. 재공품이란 원재료가 인출되고 나서 완성품으로서 입고 또는 출하되기까지의 모든 단계에 있는 제조 도중의 미완성품을 가리킨다.
③ 단순한 작업으로 분할할 수 있기 때문에 거기에 필요한 기능의 습득과 숙달이 빠르다.
④ 사용하는 설비와 기계는 전용화 또는 단순화할 수 있어서 능률적이다.
⑤ 다른 생산 방식에 비해 공정 관리가 용이하다.

단점
① 표준화가 되지 않은 제품에는 적용할 수 없다.
② 작업원, 설비, 기기 등의 일부에 결함이 생기면 전체 작업의 능률을 저해한다.
③ 제품의 수요가 줄어들면 생산 능력의 이용도가 떨어져서 제조 원가가 비싸진다.
④ 각 작업이 단순하고 일정하게 진행되는 작업이기 때문에 쉽게 질리고 지친다.
⑤ 제품의 종류나 설계 변경이 있는 경우 설비와 기기를 바꾸는데 많은 일수와 비용이 든다.

(4) 흐름 작업의 편성

(a) **피치 타임**(pitch time) : 흐름 작업에서 제품 또는 부품의 4 생산 단위를 가공하는 데 필요한 시간을 **피치 타임** 또는 **택트 타임**(tact time), **사이클 타임**(cycle time)이라고 한다. 이 생산 방식은 여러 개의 공정으로 구성되기 때문에 각 공정의 모든 작업 시간을 동일하게 진행시켜야 한다.

그러나 실제로 완전히 일치시키는 것은 불가능하기 때문에, 각 공정 중의 최대 작업 시간을 피치 타임으로 하여 다음 식으로 구한다.

$$\text{피치 타임} = \frac{1\text{일 실가동 시간}}{1\text{일 예정 생산량}} = \frac{\text{흐름 길이}}{\text{흐름 속도} \times \text{공정 수}}$$

여기서 실가동 시간이란, 구속 시간(휴식 시간을 포함한 노동 시간)에서 휴식 시간을 뺀 나머지 시간이며, 예정 생산량이란 부적합품까지 포함한 수량이다. 예를 들어 1일 구속 시간을 8시간, 점심시간을 1시간, 오전과 오후의 휴식 시간을 각 10분, 예정 생산량을 200개로 하면, 피치 타임은 다음과 같이 계산된다.

$$\text{피치 타임} = \frac{(60 \times 8) - [(60 \times 1) + (10 \times 2)]}{200} = \frac{480 - 80}{200} = 2\text{분}$$

각 공정의 작업 시간을 정하려면 위 식으로 산출한 피치 타임에서 피로 및 작업 등에 대한 여유 시간을 뺀 값으로 하여, 피치 타임(1−여유율)으로 구할 수 있다. 여유율은 보통 소형 물품의 경우, 컨베이어 방식에서 10~20%, 수동 이송식에서 20~25%로 한다. 따라서 위의 예에서 여유율을 10%라고 하면

$$각 \ 공정의 \ 작업 \ 시간 = 2분 \times (1-0.1) = 1.8분$$

이 되고, 각 공정은 이 작업 시간을 목표로 작업량을 편성해야 한다.

(b) **라인 밸런싱**(line balancing) : 흐름 작업에서 각 작업 공정을 가능한 한 균등하게 할당하여 각 공정의 작업 시간의 편차를 줄이는 편성 계획을 **라인 밸런싱**이라고 한다. 편차를 개선하려면 그림 5−4와 같이, 편차 → 측정 → 개선을 차례차례 반복하면서 점차 편차가 줄어드는 흐름 작업을 편성한다.

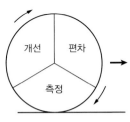

|그림 5−4| 흐름 작업 편성

그림 5−5는 흐름 작업에서 각 공정의 작업 시간과 피치 타임의 관계를 나타낸 것으로, 이 그림을 **피치 다이어그램**(pitch diagram)이라고 한다.

그림의 사선 부분을 **밸런스 로스**(balance loss) 또는 **균형 손실**이라고 하며, 흐름 작업 전체에서 운휴 시간(작업 정지 시간)이 얼마나 발생했는지를 나타낸다. 이것을 % 단위로 나타낸 균형 손실률은 다음 식으로 구할 수 있다.

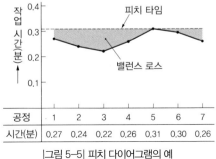

|그림 5−5| 피치 다이어그램의 예

$$균형 \ 손실률 = \frac{n \cdot t - T}{n \cdot t} \times 100(\%)$$

단, T: 각 공정의 여유 시간을 포함한 작업 시간의 총계, t: 피치 타임, n: 공정 수 또는 작업 인원이다.

그림 5−5에 나타낸 수치 예에서 피치 다이어그램의 균형 손실률을 위 식으로 계산하면 다음과 같다.

$$\text{균형 손실률} = \frac{(7 \times 0.31) - (0.27 + 0.24 + 0.22 + 0.26 + 0.31 + 0.30 + 0.26)}{7 \times 0.31} \times 100$$
$$= 14.3\%$$

균형 손실률은 가능한 한 작은 값이어야 한다. 이를 위한 방법으로 작업 방법 개선, 편성 인원 증감, 라인 밖에서의 작업 충실화 등을 생각할 수 있다.

또한 (100-균형 손실률)%를 **라인 균형 효율** 또는 **라인 편성 효율** 등이라고 부르며, 라인의 생산 효율을 나타내는 척도로 사용한다.

5-3 오토메이션

1 오토메이션이란

흐름 작업에는 인간이 하는 작업이 수반되었으나 제어기기와 컴퓨터의 발달로 인간이 가진 육체적 노동력과 두뇌적인 활용까지 기계나 장치로 옮겨가서 생산을 하게 되었다.

이와 같이, 인간의 노동을 대신하는 기계나 장치를 이용해 자동으로 조작, 조정, 처리, 제어 등을 하게 하는 방식을 **오토메이션**(automation)이라고 하며 생산성 향상과 경제적 효과를 한층 높이는 역할을 하고 있다.

2 오토메이션의 종류

오토메이션을 적용하는 분야에 따라 분류하면, 생산 관련 분야에 메커니컬 오토메이션, 프로세스 오토메이션, 팩토리 오토메이션이 있고, 사무 관련 분야에는 오피스 오토메이션 등이 있다.

(1) 메커니컬 오토메이션

가공, 조립, 검사, 운반 등의 공정을 기계화나 자동화하여 생산하는 방식을 메커니컬 오토메이션(mechanical automation)이라고 하며, 자동차 공업을 비롯해 대량 생산을 하는 기계공업, 전기공업, 정밀공업 등에 널리 사용되고 있다.

특히, 자동화된 공작기계와 컨베이어를 조합한 일련의 장치를 **트랜스퍼 머신**(transfer machine)이라고 부른다. 이것은 전용화된 많은 자동 공작기계를 가공 순서대로 배열하고, 공작물을 컨베이어에 올린 후 가공 시간이 거의 일정하게 되도록 일정 시간을 두고 보내서, 자동으로 각종 가공을 하는 것으로, 완전 자동 트랜스퍼 머신은 가공 외에도 공작물 착탈, 마무리 치수 검출, 공구 위치 정정까지 자동화가 이루어지고 있다.

(2) 프로세스 오토메이션

장치를 주체로 하여 생산하는 공업의 생산 공정에서 조작, 처리, 감시, 계측, 제어 등을 자동화하여 생산하는 방식을 **프로세스 오토메이션**(process automation)이라고 하며, 석유정제, 화학, 제철, 발전 등의 공업에 장치를 설치해서 액체, 기체, 분체 등을 물리적, 화학적으로 처리할 경우에 이용된다.

공장 전체의 생산 공정 전부를 프로그램화하면 컴퓨터로 명령하여 공장을 운영할 수 있다.

(3) 팩토리 오토메이션

산업용 로봇이나 NC 공작기계를 활용하여 생산하는 공장의 자동화를 **팩토리 오토메이션**(factory automation : FA)이라고 하며, 이 자동화가 진행되면 무인공장이 된다. 이것은 자동 창고(6-5절 2항 참조)에서 무인 반송차(12-5절 2항 참조)를 이용해 부품을 작업대로 보내고, 텔레비전 카메라의 감시를 받으면서 산업용 로봇(12-5절 2항 참조)이 기계에 설치, 분리, 다음 공정으로의 이송 같은 모든 작업을 컴퓨터의 제어 하에 실시한다.

이 FA가 가진 자동화 시스템의 한 형태를 **유연생산시스템**(flexible manufacturing sys-tem : FMS)이라고 하며, 그 방식은 다품종의 제품을 조금씩 만들 수 있는 융통성을 지니고 있으며 FA화를 추진하는 중요한 역할을 하는 것으로, 동일 품종을 다량으로 생산하는 트랜스퍼 머신에 대응하는 것이다.

또한, 산업용 로봇은 고온 다습하고 위험한 환경에서의 작업이나 단순한 반복 작업 같은 악조건에도 적용할 수 있으며 제품의 품질과 생산량을 안정시켜 생산성 향상, 다품종 제품 생산 측면에서도 큰 힘을 발휘하기 때문에 생산 자동화에 많이 채택되고 있다.

또한 **NC 공작기계**란 수치제어(numerical control) 공작기계의 약칭으로, 작업 명령이 수치 형태로 기호화된 프로그램을 기억시키고 자동제어 장치를 부착해서, 자동으로 위치 결정이나 절삭 등의 작업을 시키는 것이다. 최근에는 NC 공작기계에 컴퓨터를 내장시킨 CNC(computer NC)나 중앙 정보 시스템에서 복수의 공작기계에 대해 직접적으로 생산 명령, 감시, 제어를 할 수 있는 DNC(direct NC)등이 주력이 되고 있으며, 공작 외에 제도, 검사 등에도 정보 시스템이 활용되고 있다.

NC 공작기계에 공작물이나 공구를 자동으로 교체할 수 있는 장치를 부착한 **머시닝 센터**(machining center : MC)라는 공작기계는 밀링 커터, 드릴링, 리머 작업 같은 다양한 가공을 연속해서 자동으로 실시할 수 있다.

(4) 오피스 오토메이션

사무와 관리업무 같은 문서나 자료의 저장, 인출, 지령, 전달 등을 정보 시스템을 이용해서 능률화를 도모하는 것을 **오피스 오토메이션**(office automation : OA)이라고 한다. 컴퓨터의 진보에 따라 복잡한 계산과 분석 등이 매우 빠른 속도로 처리되므로 사무 처리의 생산성은 향상된다.

5-4 동작 연구

1 동작 연구란

작업자의 작업 동작을 세세하게 분석·조사하여 무리, 낭비, 불합리와 같은 불필요한 동작을 없애 피로를 줄이고 시간을 절약하며 능률적인 작업 방법을 합리적으로 검토하여 표준 작업 방법을 도출하는 연구이다.

미국의 테일러 문하의 길브레스(Gilbreth) 부부는 인간의 동작을 18가지 기본 단위로 분석하여 이것을 서블릭이라고 명명하고, 각종 동작을 이러한 요소로 분해한 후, 거기에 자신이 개발한 **동작 경제의 원칙**(5-4절의 4항 참조)에 따라 동작의 낭비를 줄이고, 공구와 설비 개선과 더불어 최선의 작업 방법을 구했다.

그 후, 동작 분석으로서 각종 연구가 이루어졌는데, 최근에는 비디오 분석, PTS법 같은 분석도 이용되고 있다.

2 서블릭 분석

작업자의 동작을 육안으로 보면서 분석하는 방법으로, 표 5-2에 나타낸 **서블릭 기호**를 이용하여 이것을 동작 단위(동작 요소)로 분석해서 기록한다.

이 18가지 서블릭은 크게 3종류로 나뉘는데 제1유형은 작업 완성에 필요한 동작 요소, 제2유형은 필요한 동작을 도와주는 동작 요소, 제3유형은 일을 지연시키는 동작 요소를 나타낸다. 따라서 동작을 개선하려면 제2유형과 제3유형에 중점을 두고, 우선 제3유형의 동작 요소는 유지 도구 활용, 작업 범위 내 배치와 동작 순서의 재편성 등을 통해 제거하고, 제2유형의 동작 요소는 물건 거치 방법의 개선 등을 통해 최대한 줄인다.

|표 5-2| 서블릭의 기호

분류	번호	명칭	서블릭 기호		예 (책상 위의 펜을 잡고 글씨를 쓴다)
			기호	설명	
제1유형	1	빈손 이동	⌣	빈 접시 모양	펜에 손을 뻗는다.
	2	잡는다	⌢	물건을 잡는 모양	펜을 잡는다.
	3	운반하다	⌣	접시에 물건을 얹은 모양	펜을 가져온다.
	4	위치를 바로 잡는다	9	짐이 손끝에 있는 모양	펜을 쓰기 쉽게 고쳐 잡는다.
	5	조합한다	#	조합한 모양	펜에 캡을 씌운다.
	6	분해한다	#	조합에서 1개를 뺀 모양	펜의 캡을 벗긴다.
	7	사용한다	∪	use(사용하다)의 U의 모양	글자를 쓴다(펜을 사용한다).
	8	손을 뗀다	⌒	접시를 뒤집은 모양	펜을 놓는다.
	9	조사한다	0	렌즈 모양	글자의 오류를 조사한다.
제2유형	10	찾는다	◉	눈으로 물건을 찾는 모양	펜이 어디에 있는지 찾는다.
	11	찾아낸다	◎	눈으로 물건을 찾아낸 모양	펜을 찾아낸다.
	12	고른다	→	고른 것을 지시한 모양	사용하기 알맞은 펜을 고른다.
	13	생각한다	♀	머리에 손을 대고 생각하는 모양	어떤 글자를 쓸지 생각한다.
	14	준비한다	8	볼링 핀의 모양	사용한 펜을 펜꽂이에 넣는다.
제3유형	15	유지하고 있다	⌓	자석에 쇳조각이 붙은 모양	펜을 잡은 채로 있다.
	16	피할 수 없는 지연	⌒	사람이 넘어져서 쓰러진 모양	정전 때문에 글자를 쓸 수 없다.
	17	피할 수 있는 지연	└o	사람이 자는 모양	한눈을 파느라 글자를 쓸 수 없다.
	18	쉰다	♀	사람이 의자에 앉은 모양	피곤해서 쉬고 있다.

그림 5-6에 서블릭에 의한 실험적인 작업 동작 분석의 일례를 나타내었다. 서블릭은 짧은 주기의 고도한 반복 작업을 개선하는 데 효과적이며, 동작 요소의 대부분은 1초 이하의 순간적인 움직임이므로, 육안 분석 외에 비디오 분석을 이용하면 한층 효과적이다.

|그림 5-6| 서블릭에 의한 작업 동작의 분석 예

작업명	볼트와 너트의 조립	번호	왼손		서블릭			오른손
			요소 작업	동작 요소	왼손	눈	오른손	동작 요소
도면 No.		1	볼트, 너트 1개씩 잡는다.	손을 뻗는다.	⌣	◯	⌣	손을 뻗는다.
작업장	실험실			너트를 잡는다	⌒	◯→	⌒	볼트를 잡는다.
작업자				앞으로 가져온다.	⌣		9	볼트를 고쳐 잡는다.
날짜				작업 대기	⌢		⌣	앞으로 가져온다.
비고		2	조립	잡고 있다.	⌒		♯	조립한다.
							⌢	손을 뗀다.
		3	소정의 장소에 놓는다.	책상 위로 옮긴다.	⌣		⌣	손을 원위치로 한다.
				책상 위에 놓는다.	⌒		⌢	작업 대기
				손을 원위치로 한다.	⌣			

(작업대 그림: 너트, 볼트, 작업대, 작업자)

3 비디오 분석

비디오 리코더(video recorder)를 사용하여 분석하는 방법이다. 비디오 분석은 재현성은 물론 장시간 자동 관측이 용이하며, 전송 속도가 정확해서 재생 화면에서의 시간 측정 정확도가 높은 등 많은 이점을 지니고 있다.

비디오 분석에 의한 작업 연구에는 다음과 같은 기법이 있다.

(1) 비디오 마이크로모션(video micromotion)

슬로우 재생이나 프레임 전송이 가능한 비디오 또는 동영상 재생이 가능한 컴퓨터를 이용해, 작업을 상세하게 분석하는 동작 연구 기법으로, 보통 매초 29.97 프레임에 해당하는 속도로 녹화되며 연속 기록 시간은 60~120분 정도로, 동작 경로의 길이와 빠른 동작의 시간값까지 정확하게 측정할 수 있다. 자세히 분석하고 싶은 경우에는 59.94fps의 높은 프레임 레이트로 기록하고 프레임 수를 카운트하면 매우 짧은 시간 단위도 분석할 수 있다.

(2) 비디오 메모모션(video memomotion)

비디오를 장시간 사용하여 정상 속도보다 느린 속도로 녹화하고 재생 시간을 짧게 줄여 재현하는 동작 연구 기법이다. 기록 속도는 표준 속도의 1/10, 1/20, 1/40, 1/80 정도의 느린 속도가 사용되고, 연속 기록 시간은 표준 속도의 기록 시간을 60분으로 하면 10~18시간이 된다.

메모모션의 효과는 기록할 때 속도보다 재생을 빠르게 하기 때문에 작업 전체의 일련의 흐름을 단시간에 관측할 수 있으며, 동작의 특징이 강조되어 비정상적인 상태를 쉽게 발견할 수 있다.

(3) 비디오 토론(video discussion)

개선의 대상이 된 작업을 비디오로 녹화한 후 여러 사람이 재생 화면을 보면서 브레인 스토밍(brain storming)으로 서로 의견을 내면서 작업의 개선 활동을 추진하는 방식을 말한다. 이것은 현장 상태를 그대로 재현하는 동영상 재생 기능과 참가자들의 토론의 장을 조합함으로써 종합적인 판단과 창의력을 도출하는 효과를 노린 것이다.

여기서 **브레인 스토밍**은 직역하면 '뇌에 폭풍을 일으키다'라는 뜻이다. 아이디어와 의견을 자유롭게 제시하고 방안을 정리하는 회의로, 실시할 때의 규칙은 ① 발언을 비판하지 않는다, ② 발언은 많을수록 좋다(양이 질을 낳는다), ③ 어떤 발언이라도 다룬다, ④ 다른 사람의 아이디어에 자신의 생각을 더해 개선한다 등이다.

4 동작 경제의 원칙

동작 연구를 통해 도출된 동작 개선 방법을 모으고, 그것을 정리하여 최적의 작업 방법과 환경을 설정한 원칙이다. 창시자인 길브레스를 비롯해 몇몇 연구자가 정리하였으며 작업 개선의 기본적인 지침으로 이용할 수 있다.

(1) 신체 사용에 관한 원칙

① 양손은 동시에 동작을 시작하고 동시에 끝낸다.
② 양손은 동시에 좌우 대칭 방향으로 움직인다.
③ 쉬는 시간 외에는 양손을 동시에 놀리지 않는다.
④ 동작은 최적의 신체 부분에서 하며, 되도록 손가락이나 손목 정도의 작은 운동으로

한다.

⑤ 떨어뜨림, 던짐, 굴림, 튕김 같은 중력, 관성, 자연력을 이용한다.

⑥ 방향을 급하게 바꾸는 지그재그 운동을 피하고, 연속적이고 부드러운 곡선형 동작으로 한다.

⑦ 동작은 자연스러운 자세로 리듬 있는 작업을 한다.

⑧ 다리·왼손으로 할 수 있는 일에 오른손을 쓰지 않는다.

⑨ 작업은 정상 작업 범위(그림 5-7 참조)에서 하도록 한다.

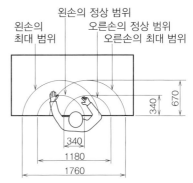

[주] 신장 1780, 손 185, 전완 270, 상완 320으로 한다. (단위 mm)

|그림 5-7| 작업 범위도

(2) 작업장에 관한 원칙

① 공구와 재료는 작업자의 손이 닿는 범위 내 정위치에 둔다.

② 공구와 재료는 작업 순서에 따라 작업하기 쉬운 상태로 둔다.

③ 재료의 공급과 반출에는 가능한 한 중력을 이용하고, 예를 들면 슈트(chute: 활송 장치) 등을 이용한다.

④ 작업 범위는 작업에 지장이 없는 한 좁힌다.

⑤ 작업대, 의자 등은 작업자의 체격에 맞추고 피로감이 가장 적은 높이·형상으로 한다.

⑥ 조명, 온도, 습도, 통풍이 적정한 환경을 만든다.

⑦ 양손 동작을 동시에 할 수 있는 위치로 한다.

(3) 치공구·기계의 설계에 관한 원칙

① 두 개 이상의 공구는 하나로 조합한다. 예를 들면, 양구 스패너 등.

② 기계와 설비의 조작에 발을 잘 활용하여 손의 부담을 경감한다.

③ 기계의 조작 위치는 신체의 위치와 자세를 바꾸지 않고 조작할 수 있다.

④ 핸들이나 손잡이 같은 잡는 부분은 가능한 한 손바닥에 넓게 닿게 하고, 잡기 쉬운 모양으로 한다.

⑤ 장시간 유지에는 유지 도구를 이용한다.

⑥ 재료나 부품을 잡기 쉬운 용기나 기구를 이용한다.

⑦ 기계의 이동 방향과 조작 방향을 같게 한다.

5-5 시간 연구

1 시간 연구란

동작 연구에서 구한 표준 작업 방법으로 작업이 이루어질 때, 작업을 적당한 단위(요소 작업)로 분할하고, 그 요소 작업을 실시하는 데 필요한 시간을 측정하는 분석 방법이다.

이 방법으로 구한 시간값은 다음에 설명하는 표준 시간 설정에 중요한 자료로 이용된다.

2 표준 시간 설정

(1) 표준 시간이란

직무 적성이 맞고 숙련된 작업자가 소정의 작업 조건하에서 필요한 여유를 가지고 정상적인 작업 페이스에 따라 일을 수행하기 위해 필요한 작업 시간을 말한다.

(2) 표준 시간의 이용 목적

표준 시간에는 다음과 같이 여러 이용 목적이 있다.

① 작업자의 과업(공정한 1일 작업량) 결정
② 공정 관리에서의 기준 일정 설정
③ 작업자와 기계 설비 등의 필요 수 산정과 배치 계획
④ 작업 방법의 비교, 개선과 생산 능률 측정
⑤ 임률(시간당 인건비) 결정과 원가 견적 등의 기초 자료

(3) 표준 시간의 구성

표준 시간 구성은 표 5-3에 나타낸 것과 같다.

즉, 표준 시간 = 주체 작업 시간 + 준비 작업 시간이다.

여유 시간은 표 5-3에도 나타낸 바와 같이, 작업 여유, 작업장 여유, 사적 용무 여유, 피로 여유 등으로 나뉘는데, 이것은 일반적으로 정미 시간에 대한 비율 즉, 여유율(여유 시간÷정미 시간)로 주어진다. 따라서 위 식의 작업 표준 시간은 다음 식으로 나타낸다.

$$주체 \ 작업 \ 표준 \ 시간 = 작업정미시간 + 여유시간$$
$$= 작업정미시간 \times (1 + 여유율) \qquad (5 \cdot 1)$$

이 경우의 여유율은 각종 여유율을 더한 종합 여유율이다.

|표 5-3| 표준 시간의 구성

표준 시간	주체 작업 시간	작업 정미 시간	주작업 시간	기계 자동 이송 작업, 기계 조작 작업, 수작업(조립 작업), 기계의 재료 탈부착작업 등
			부수작업 시간	
		여유 시간	작업 여유	공구 교체, 주유, 청소, 기계 조정(3~5%)
			작업장 여유	재료·공구 대기, 크레인 대기, 연락, 정돈(3~5%)
			사적 용무 여유	땀 닦기, 물 마시기, 용변 (2~5%)
			피로 여유	휴식(작업강도 높음 30%·작업강도 보통 20%, 작업강도 낮음 10%)
			종합 여유시간	기계 자동 이송 작업(10%), 기계 조작 작업(20%), 수작업(25%)
	준비 작업 시간	준비 정미 시간		준비 정미 시간 작업, 부품·재료, 치공구 등의 준비, 정리
		여유 시간		주로 피로 여유

[주] ( ) 안은 여유율의 예를 나타낸다.

3 정미 시간 결정 방법

시간 분석을 통해 작업의 **정미 시간**을 결정하는 데는 다음 두 가지 방법이 있다.

❶ 작업자의 작업을 직접 측정하는 방법
　ⓐ 직접 관측법, ⓑ 워크 샘플링 등
❷ 미리 실험이나 경험에서 얻은 자료를 조합하여 산정하는 방법
　ⓐ PTS법, ⓑ 표준 자료법, ⓒ 실적 자료법 등

(1) 직접 관측법(직접 시간 분석법)

스톱워치, 비디오카메라 같은 기기를 이용하여 작업을 직접 관측하고 시간을 측정하는 방식으로, 그 순서는 다음과 같다.

① 관측의 이용 목적을 정한다 : 예를 들면 표준 시간 설정, 작업 방법 개선, 표준 작업량 설정 등 시간 분석의 이용 목적을 설정한다.

② 연구 대상이 될 작업과 작업자를 선정한다 : 작업자의 경우 작업 개선이 목적일 때는 적극적인 숙련자를 선택하고, 표준 시간, 표준 작업량 등 표준 설정이 목적일 때는 평균 또는 평균 이상의 숙련도를 가진 사람을 선정한다.

③ 연구 계획을 관계자에게 설명하고 이해와 협조를 구한다 : 시간 연구는 연구자와 현장이 하나가 되어 시간을 관측해야 하므로 감독자와 함께 연구계획을 작성하고, 작업자에게도 연구 목적과 내용을 잘 설명하여 이해와 협조를 얻어야 한다.

④ 작업을 표준화한다 : 동작 연구를 통해 작업을 표준화한다. 특히 작업 방법을 개선할 경우에는 개선안이 안정되도록 표준화하고 여기에 필요한 작업자를 훈련시킨다.

⑤ 작업을 요소 작업으로 나눈다 : 작업을 표 5-3에서 구분한 주작업 시간과 준비작업 시간으로 세분한 후 요소 작업으로 나눈다. 그 시간은 관측의 정확도가 나빠지지 않을 정도로 하는데, 단위에 1DM(decimal minute)=1/100분=0.6초를 사용하고, 최소한 4DM 이상으로 한다.

⑥ 관측 횟수를 정한다 : 관측 횟수는 본 관측을 시작하기 전에 예비 관측을 하여 추정하는데, 사이클 타임의 길이에 따라 영향을 받기 때문에 보통은 표 5-4 등을 기준으로 한다.

|표 5-4| 관측 횟수

(a) 표준 시간을 설정하는 경우

	사이클 타임 (분)	0.10	0.25	0.50	0.75	1.00	2.00	4.00~5.00	5.00~10.00	10.00~20.00	20.00~40.00	40.00 이상
①												
②	관측 횟수	200	100	60	40	30	20	15	10	8	5	3
③	관측 시간 (①×②)분	20	25	30	30	30	30	40	65~75	50~100	160~200	120 이상

(b) 작업을 개선하는 경우

일반적인 사이클 타임 작업	15~20회
매우 짧은 사이클 타임 작업	30~40회

[주] **사이클 타임**이란 연속적으로 반복 생산하는 작업 방식에서 1개 또는 1단위의 제품이나 반제품을 만드는 데 소요되는 시간을 말한다.

⑦ 관측하여 기록한다 : 관측 내용의 기록에는 그림 5-8과 같은 시간 관측 용지를 사

용한다. 관측할 때는 스톱워치를 작동시킨 채로 육안으로 표시를 읽으면서 기록하고 마지막 측정이 끝날 때까지 시간을 측정한다. 시간값은 통과 시간을 나타내는 '통'란에, 요소 작업의 종료점을 차례로 적고, 각 요소 작업의 시간값은 관측 종료 후에 '통' 전후의 시간차를 '개'란에 적는다. 시간값은 DM 단위로 두 자리로 적고 셋째 자리의 단위는 셋째 자리의 값이 바뀔 때 기입하면 된다.

|그림 5-8| 시간 관측 용지의 일례

시간 관측 용지														관측일		년	월	일
정리 번호			작업명	축 절삭			기계명		LNB - 7		관측자							
작업자			숙련도 (경험 연수)			작업시작	작업종료			날씨		온도			습도				
요소 작업	횟수		1	2	3	4	5	6	7	8	9	10	합계 횟수	평균	레이팅 계수	정미 시간		
1	재료를 잡는다.	개	4	5	4	4	5						22 5	4.4	105	4.6		
		통	4	11	8	9	403											
2	돌림쇠를 붙인다.	개	10	8	7	7	6						38 5	7.6	110	8.4		
		통	14	19	15	16	9											
3	재료를 센터 사이에 붙인다.	개	13	11	⑳	12	9						45 4	11.3	100	11.3		
		통	27	30	35	28	18											
4	단면 절삭	개	10		8	9	7						34 4	8.5	100	8.5		
		통	37	M	43	37	25											
5	외주 절삭	개	42		40	38	41						161 4	40.3	100	40.3		
		통	79	78	83	75	66											
6	절삭 공구대 반송	개	11	12	9	11	10						53 5	10.6	105	11.1		
		통	90	90	92	86	76											
7	심압대를 되돌리고 제품을 분리한다.	개	9	7	7	7	6						36 5	7.2	95	6.8		
		통	99	97	99	93	82											
8	돌림쇠를 떼어낸다.	개	7	7	6	5	5						30 5	6.0	100	6.0		
		통	106	204	305	98	487											

[주] M : 간과 기호, ○ 안의 숫자 : 이상값, ― : 요소 작업을 생략한 경우, × : 요소 작업 이외의 동작을 한 경우.

⑧ 필요하다면 레이팅을 실시하여 정상적인 속도로 환산한다.

레이팅(rating : 등급 평가)이란 작업자의 기능도, 노력도, 안정도 등에 의해 영향받는 작업의 관측 시간의 평균값을 표준 기능을 가진 작업자의 작업 시간을 기준으로 하여 사람이 가진 감각 척도에 따라 비교 평가하는 것을 말한다. 그 비율을 %로 나타낸 수치를 레이팅 계수라고 하여, 표준이 되는 작업 속도를 100%로 평가하고, 그보다 빠르면 100 이상, 늦으면 100 이하의 수치로 나타낸다. 레이팅을 올바로 실시하려면 비디오 등 화면 관측을 통해 동작 속도 표준값을 올바르게 평가할 수 있도록 항상 훈련을 해야 한다.

관측 시간 평균값에서 **작업 정미 시간**을 구하려면 다음 식을 이용한다.

$$\text{작업 정미 시간} = \text{관측 시간 평균값} \times \frac{\text{레이팅 계수}}{100} \qquad (5 \cdot 2)$$

예를 들어, 어떤 작업의 관측 시간 평균값이 12.5분이었다. 작업자의 레이팅 계수가 120%일 때, 작업 정미 시간은 식 (5 · 2)을 이용해 다음과 같이 구할 수 있다.

$$작업\ 정미\ 시간 = 12.5 \times \frac{120}{100} = 15.0(분)$$

⑨ 관측 결과를 정리하여 검토한다 : '개'란에 시간차를 기입하고, 이상값을 빼서 요소 작업마다 평균값을 산출한다. 정리하다가 개선이나 참고 사항이 있으면 비고란에 기록한다.

(2) 워크 샘플링

워크 샘플링(work sampling)이란 미리 일정한 시간 안의 랜덤(무작위)으로 고른 시각에 작업자나 기계의 움직임을 순간적으로 관찰하여 기록·집계하고 이 데이터를 바탕으로 작업 상태의 발생 비율을 통계적 기법으로 추정하는 방법이다.

이 방법은 그림 5–9와 같이, 관측 용지의 조사 항목란에 체크만 하기 때문에 많은 대상 작업을 거의 동시에 관측할 수 있으며, 방법이 간단하면서도 비교적 정확한 결과를 얻을 수 있다. 직접 관측법에 비하면 작업 내용의 세세한 분석이나 작업 순서의 기록이 불가능하지만 숙련되지 않아도 혼자서 많은 사람과 기계를 쉽게 관측할 수 있으며, 비용도 적게 들어 많은 종류의 작업에 적용할 수 있다.

또한, 필요에 따라서 관측 횟수를 늘리면 소정의 정밀도를 얻을 수 있다.

지금은 비디오의 활용과 관측의 자동화에 의해 비디오 워크 샘플링이 이루어져서 관측에 필요한 수고와 비용을 대폭 단축할 수 있게 되었다.

(a) **워크 샘플링의 이용 목적** : 워크 샘플링은 다음과 같은 목적에 이용된다.

① 작업자, 기계 설비 가동률을 조사하여 효과적인 활용을 꾀한다.

② 가동되지 않은 상태의 원인을 찾아 개선한다.

③ 표준 시간의 여유율을 구한다.

④ 각 작업 상태가 발생하는 시간적인 비율을 조사한다.

⑤ 긴 주기의 반복 작업이나 사무 작업 등의 표준 시간을 설정한다.

(b) **워크 샘플링의 방법과 개념** : 관측자는 미리 랜덤으로 정해진 시각, 정해진 경로와

관측 항목		관측 시간	8시 15분	8시 25분	〰	16시 30분	합계
작업 (가동)	준비	작업 방법	//	/	〰		15
		부품 · 재료	//		〰		8
		지그 · 공구	//	/	〰		21
		정리 · 정돈	/	/	〰		7
	주작업	자동 이송 절삭		///	〰	///	79
		수동 이송 절삭		////	〰	卌	38
	부수작업	절삭공구대 반환		//	〰		26
		재료 탈 · 부착	//	/	〰		31
		계측, 검도	//	//	〰	/	15
		소계	11	15	〰	9	240
여유	작업 여유	공구 교체	//	/	〰	/	21
		기계 조정	//		〰	/	25
		기계 주유	/		〰		7
		칩 제거재료 · 공구 대기		/	〰		6
	작업장 여유	크레인 대기	/		〰		8
		작업 협의	/	//	〰	/	4
		작업 종료 전 청소	/		〰		16
		물 마시기			〰	卌	10
	사적 용무 여유	용변			〰		5
		소계			〰		21
			8	4	〰	9	123
비작업	비작업	착수 지연, 조기 종료	/		〰		13
		잡담		/	〰	//	8
		휴식			〰		9
	부재	자리 비움, 행방 불명			〰		7
		소계	1	1	〰	2	37
관측수 합계			20	20	〰	20	400

|그림 5-9| 워크 샘플링 관측 용지의 일례

지점에 따라 관측하여 순간적으로 가동 중인가 비가동 중인가, 또는 이용 목적에 필요한 관측 항목의 구분에 따라, 그 해당란에 도수 마크 같은 기호를 기입한다.

지금 가령 어느 작업장의 공작기계군에 대해 가동 상태를 조사하기로 하고, 반복 관측한 결과, 관측 총수를 1000이라고 하고, 그 중 가동 중인 관측수가 750이었을 때 **가동률**은 다음 식으로 구할 수 있다.

$$\text{가동률} = \frac{\text{가동 중인 관측수}}{\text{총관측수}} \times 100(\%) = \frac{750}{1000} \times 100 = 75.0(\%)$$

워크 샘플링에서는 위 식에 나타낸 가동률을 어떤 일이 나타난 비율, 즉 (출현율) p 로 놓고, 가동 중의 관측수를 출현수 r, **총관측수**를 n이라는 명칭과 기호로 나타내고 가동률을 다음 식으로 바꿀 수 있다.

$$p= \frac{r}{n} \times 100(\%) \tag{5 · 3}$$

이 경우 p는 관측에 의해 구해진 출현율이며, 이 출현율을 가지고 실제로 작업이 이루어지고 있는 작업자나 기계 설비의 가동률을 추정하게 된다. 그러나 추정에는 확률이 따라오는 것이므로 식 (5 · 3)에 나타낸 p값을 과연 작업 전체의 올바른 확률로 취급할 수 있는지를 생각해 봐야 한다.

그런데, 확률이란 어떤 일이 발생할 확실성의 비율을 말하는 것으로, 예를 들어 발생하는 모든 수가 N 가지이고, 그중 일 E가 발생할 경우의 수가 a가지라면, P(E)=a/N의 식은 E가 발생할 확률을 나타내는 것이 된다.

확률을 나타내는 값에는 관측수가 많으면 실제로 가까운 출현율이 구해지는 성질이 있다. 그러나 정확성을 얻기 위해 관측수를 무한대로 늘리는 것은 불가능하므로, 어느 정도의 오차를 인정하고 관측 총수를 정하게 된다. 관측 결과의 정확성은 신뢰도와 정밀도로 표현된다.

① **신뢰도** : 실제값에 대한 관측값의 확실성을 나타내는 비율을 말하며, 보통은 95%를 사용한다. 이것은 관측수 100 중 확실성이 95%임을 나타낸다.

② **정밀도** : 실제값에 대한 관측값의 불규칙성이나 치우침 같은 오차가 작은 정도를 말하며, 오차가 작은 관측값일수록 정밀도가 높다. 이것을 절대 정밀도라고 부르며, 기호를 e로 표시하면 출현율 평균값 p는 실제값을 중심으로 하여 $\pm e$의 범위 내에 있게 된다. 또한, 출현율 p에 대한 절대 정밀도 e의 비율을 나타내는 것으로서 상대 정밀도가 있으며, 이것을 S로 나타내면, $e=Sp$의 관계를 얻을 수 있다.

워크 샘플링에서는 확률 이론을 바탕으로 위에서 말한 신뢰도와 정밀도로부터 다음 식의 관계가 성립되며, 이 식에서 **총관측수** n을 구할 수 있다.

$$n= \frac{u^2 p(1-p)}{e^2} = \frac{u^2(1-p)}{S^2 p} \tag{5 · 4}$$

여기서 u는 신뢰 계수이며, 정규 분포의 위쪽 2.5%점을 이용해 u=1.96, 또는 이것을 사사오입하여 u2=4로 하고, p값은 과거의 경험치, 자료 또는 예비 조사 등으로 결정한다. 예비 조사는 보통 200~400 정도의 관측을 한다. 표 5-5는 관측 목적에 따른 관측 정밀도와 총관측수의 기준을 제시하고 있다.

|표 5-5| 관측 목적별 관측 정밀도의 기준

관측 목적	출현율 $p(\%)$	절대 정밀도 $e(\%)$	상대 정밀도 $S(\%)$	총관측수 n
작업 개선	39	±2		2100
정지, 여유, 운반 등 가동에 대한 문제점의 비율을 구하는 조사	15 30	±3 ±3		600 900
여유율 결정	10 20 10 20	±3 ±3	 ±5 ±5	900 1600 14400 6400
작업 정미 시간 결정	80		±2	2500
요소 작업의 정미 시간 결정	10		±5	14400

[예제 5-1]

어떤 공장에서 작업장 여유(작업 대기)가 25% 정도 발생하고 있다고 추정할 경우 신뢰도 95%, 상대 정밀도 ±5%로 워크 샘플링을 할 경우의 관측수를 구하여라.

[풀이]

이 경우 $p = 25\% = 0.25$, $S = ±5\% = ±0.05$이므로 식 (5 · 4)에 의해

$$n = \frac{4(1-p)}{S^2 p} = \frac{4(1-0.25)}{(0.05)^2 \times 0.25} = 4800$$

(c) 워크 샘플링의 실시 순서

① 관측의 이용 목적을 분명히 한다.

② 관계자에게 충분히 설명하여 이해와 협조를 구한다.

③ 관측 항목을 정한다(그림 5-9 참조).

④ 관측하려는 출현율을 추정한다.

⑤ 관측 목적에 따른 신뢰도와 정밀도를 정한다.

⑥ 총관측수를 산출한다[산출 방법은 (c)항에 기재한 것과 같다].

⑦ 관측자수와 관측 일수를 정하고, 1인당 1일의 순회 관측수를 산출한다.

$$1인 1일당 순회 관측수 = \frac{총관측수}{관측자수 \times 일수 \times 1인 1순회당 관측 대상수}$$

또한, 1인 1일당 순회 관측수는 20~40이 한도이며, 1인 1순회당의 관측 대상수는 20~30이 적당하다. 이 경우 1순회에 소요되는 시간의 정도를 고려하여 관측자 수나 일수를 가감해야 한다.

⑧ 관측 시각 및 경로를 정한다.

⑨ 관측자를 정하여 계획대로 관측을 실시하고 관측 용지에 기입한다.

⑩ 관측 결과를 검토한다.

(d) **작업 정미 시간, 작업 표준 시간을 구하는 방법** : 워크 샘플링의 결과, 제품 1개당 작업 정미 시간은 다음 식으로 구할 수 있다. 또한, 작업 표준 시간은 식 (5 · 1)로 산출된다.

$$1개당\ 작업\ 정미\ 시간 = \frac{총경과시간 \times 출현율 \times 레이팅계수}{총생산개수}$$

[예제 5-2]

어떤 작업자를 워크 샘플링으로 1일 8시간 관측하였더니, 작업 출현율의 평균값은 75%이고, 레이팅 계수는 100%였다. 1일 생산 개수가 150개일 때 1개당 작업 정미 시간을 구하여라.

또, 여유율을 근무 시간의 10%로 할 경우의 1개당 작업 표준 시간을 구하여라.

[풀이]

이 경우 출현율=75%=0.75 레이팅 계수=100%=1.0, 여유율=10%=0.1이므로

$$1개당\ 작업\ 정미\ 시간 = \frac{(8\times60)\times(0.75)\times(1.0)}{150} = 2.4분/개$$

$$1개당\ 작업\ 표준\ 시간 = 2.4 \div (1-0.1) = 2.67분/개$$

---

(3) PTS법

작업을 직접적으로 관측하는 방법은 작업 연구의 기본적인 기법이지만 비교적 일이 많고 관측자의 개인차에도 영향을 받는다.

그래서 작업을 구성하는 기본적인 동작에 대해서는 미리 신뢰할 만한 표준 시간을 정해 놓고, 이 시간값을 조합해 가면, 레이팅에 대한 수고를 덜면서 다양한 작업의 표준 시간을 바르게 구할 수 있다.

이러한 개념에서 **PTS법**(predetermined time standard system: 예정 시간 표준법)

이 고안되었다.

PTS법에는 대표적인 기법으로 WF법(work factor system)과 MTM법(method time measurement System)이 있다.

(a) **WF법** : 작업 인자(work factor)법이라고도 하며 1938년에 퀵(J. H. Quik)이 개발하였다. **WF법**은 기본적인 조건으로 인간이 일을 할 때, '같은 동작은 누가 언제 어디서 동작하든 같은 시간에 할 수 있다'는 개념을 바탕으로 동작 시간에 영향을 미치는 주요 요인으로 다음의 4가지를 들고 있다.

  ① 신체 각 부위 : 손가락(F), 손(H), 전완(FS), 상완(A), 몸통(T), 다리(L), 발(Ft)

  ② 운동 거리

  ③ 중량 또는 저항(W)

  ④ 인위적인 조절 … 일정한 정지(D), 방향 조절(S), 주의(P), 방향 변경(U)

  이들 4가지 요인을 조합하여 동작 시간을 정한다. 이 중에서 ①과 ②는 기초 동작을 나타내는데, ③의 중량 또는 저항과 ④의 인위적인 조절이라는 것은 모두 동작을 지연시키는 요인이 되어 동작의 어려움을 뜻하므로 이들을 작업 인자라고 부른다. WF분석의 명칭은 여기에서 생겨났다.

  시간 단위는 WFU(work factor unit)를 사용하며, 1 WFU=0.0001분이다.

(b) **MTM법** : 이것은 동작 시간 측정법이라는 뜻을 가지며 1948년에 메이나드(H. Maynard)가 발표하였다. 서블릭에서 발전한 동작 시간 측정법으로 작업자의 기본 동작을 다음과 같이 나누어 분석한다.

  ① 손을 뻗는다(R)

  ② 운반한다(M)

  ③ 회전시킨다(T)

  ④ 힘을 가한다(AP)

  ⑤ 잡는다(G)

  ⑥ 자리에 놓는다(P)

  ⑦ 손을 뗀다(RL)

  ⑧ 떼어 놓는다(D)

  ⑨ 눈의 이동(ET)

⑩ 눈의 초점 맞추기(EF)

이 방법으로 작업을 분석하려면 작업 동작에 '무엇이 이루어졌는지'를 파악하여 기본 동작을 골라내고, 그 기본 동작의 크기가 되는 동작 거리, 동작의 난이도 등으로 시간값표를 사용해 작업 시간을 구한다.

시간 단위는 TMU(time measurement unit)이며,

1 TMU=0.00001시간=0.0006분=0.036초이다.

(c) PTS법의 특징 : PTS법에는 다음과 같은 장점과 단점이 있다.

장점
① 공평한 표준 시간을 비교적 빨리 설정할 수 있다.
② 동작 속도의 레이팅이 필요하지 않다.
③ 작업의 동작과 시간을 나누지 않고 동시에 연구할 수 있다.
④ 생산을 시작하기 전에 작업방법을 계획하고, 표준 시간을 설정할 수 있다.

단점
① 분석 기법을 습득하는 데 훈련이 필요하여, 정확하게 다루기까지 시간이 걸린다.
② 기계적으로 제한을 받는 동작 시간에는 적용할 수 없다.
③ 인간의 사고와 판단을 필요로 하는 불안정한 작업에는 적용할 수 없다.

따라서 PTS법의 용도에는

① 수작업의 표준 시간 설정

② 작업 방법 개선

③ 생산 시작 전의 작업 방법 설계

④ 작업자에 대한 작업 방법 훈련

⑤ 제품, 설비, 치공구의 설계

등이 있다.

5-6 작업 연구의 활용

작업 연구 결과는 현재의 기술 수준에서 실행할 수 있는 것을 정리하여 표준화하고, 이것을 실제로 활용할 수 있도록 해야 한다. 이를 위해 만들어지는 기준을 **작업 표준**이라고 한다.

1 작업 표준

사내 규격 중에서 중요한 것 중의 하나로 제조 작업에 대해 작업 조건, 사용할 재료·부품, 설비·기계, 공구·기구 등의 기준을 정하고, 작업의 방법과 요점을 순서에 따라 기입한 것을 가리키며 필요에 따라 표준 시간, 단가, 안전을 위한 마음가짐과 방호구가 포함되는 경우도 있다. 작업 표준을 지시하기 위해 일람표로 만든 작업 표준서를 **작업 지도표** 또는 **작업 지시서**라고 부른다.

작업 지도표에는 관리자용, 작업원용 등 용도에 따른 종류가 있으며, 작업자용은 주로 도해식으로 치수를 명시하여 알기 쉽게 쓰여 있다. 그림 5-10은 작업 지도표(작업자용)의 일례를 나타낸 것이다.

2 작업 표준 자료의 활용 방법

정해진 작업 표준에 따라 제조를 실시하면, 공정이 안정되어 균일한 품질의 제품이 생산된다. 그러기 위해서는 작업의 실시 내용이 항상 표준대로 실시되어야 한다. 표준 자료를 이용할 때에 주의할 점은 다음과 같다.

❶ 표준 작업이 작업 지도표대로 이루어지고 있는지를 공수 관리와 품질 관리를 실시하여 점검한다.

❷ 작업 방법이나 치공구의 개선이 이루어졌다면 작업 지도표의 담당자는 즉시 작업 표준을 개정한다.

❸ 감독자 훈련 및 작업자 훈련을 한다.

❹ 이상의 절차를 정하고 철저히 준수한다.

번호	명칭	작업명 작업 순서	마킹 작업 (시작 시) 그림	주의	작업 지도표	자료 번호	공장 반명
	D601R						
1		유형별로 제품을 나누어 선반에 놓는다.					
2		MC상에 있는 제품의 유무를 확인한다.	Ⓐ	에어 블로어로 불림.			
3		고무인 홀더에 고무인을 설치하고 마크를 확인한다.					
4		PF 안에 더미 고무를 넣고, 슈터 안의 자분류를 확인한다.	Ⓑ	더미 매거진 사용.			
5		MG를 공급한다.					
6		반인더를 사용하여 체크 시트, 품명 카드, 인도표를 확인하고, 마크를 체크한다.	Ⓒ				
7		제품을 넣고, 컬렉터를 지르고, 매거진 1개의 최장 및 최단 길이를 재고 체크한다.	Ⓓ				
8		마크된 매거진 피처를 맞추고 UV 램프를 켜면 MC를 동작시킨다.					
9		동일 품종, 동일 등급의 경우는 계속 동작보낸다.	Ⓒ	카드, 마크를 확인			
10		p링 테스트를 한다. (이하, MC 종료 후의 작업 생략)		1시료트 1회			

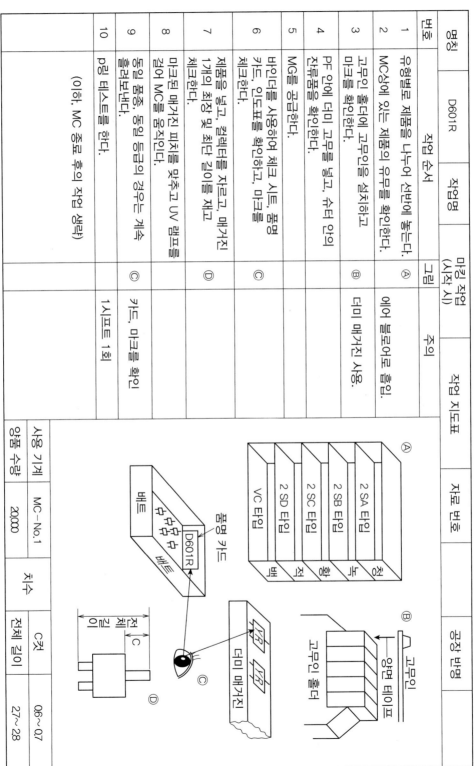

그림 5-10| 작업 지시표의 예

	사용 기계	C컷	
앰프 수량	MC-No. 1	치수	
사용 수량	20,000	전체 길이	06~0.7
			27~28

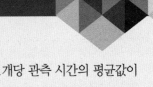

5-1 기계 조작 작업을 시간 연구로 관측한 결과, 제작 부품 1개당 관측 시간의 평균값이 2.687분이었다. 이 경우의 표준 시간을 구하여라. (단, 레이팅 계수를 95%, 여유율을 20%로 한다.)

5-2 어떤 공장에서 워크 샘플링을 하여 여유율을 결정하기 위해 300회의 예비조사를 실시한 결과, 출현율 10%를 얻었다. 절대 정밀도를 ±2%라고 했을 때의 관측수를 산출하여라.

제 **6** 장 ▶ 자재와 운반의 관리

6-1 자재 관리

1 자재 관리란

공장에서 생산 활동에 필요한 원재료, 부품, 소모품 등의 물품을 **자재**라고 하며, 생산의 요구에 따라 필요한 품질의 자재를 적시에, 적절하게, 최소의 비용으로 구입해서 필요한 장소에 준비하여, 생산성 향상을 도모하는 제반 활동을 **자재 관리**라고 한다.

자재 관리를 진행하기 위해서는 자재 조달 계획을 세워 자재를 구입하고 검사, 인수 및 보관을 하고, 생산 현장의 요구에 맞게 공급해야 한다. 즉, 자재 관리 활동에 필요한 업무 내용에는 구매 관리, 외주 관리, 창고 관리, 운반 관리 등이 포함된다.

이러한 관리 활동은 관리 기술의 진보와 더불어 큰 영향을 받아, 자재 소요량 계획(MRP), 재고 관리, 가치 분석(VA)[3항 (2) 참조], 오피스 오토메이션, 사무 기계 같은 신기술의 도입과 기계화가 활발히 이루어지고 있다.

자재 소요량 계획(MRP)이란 어떤 기간에 생산하는 데 필요한 제품의 종류와 수량이 결정되었을 때, 이들 제품의 제조에 필요한 구성 부품, 재료의 종류, 수량, 수배 시기 등을 필요에 따라 정하는 자재의 수배 계획을 말하며, 이러한 계획과 생산 능력의 조정은 컴퓨터를 활용해 신속하게 처리되고 있다.

2 자재의 종류

기계 공업에 사용되는 자재는 고정적인 것에 기계, 설비, 토지, 건물 등이 있고, 유동적인 것에 재료, 부품, 재공품, 제품 등이 있다. 여기서 주로 자재의 대부분을 차지하는 재료에 대해 분류하면, 표 6-1과 같이 나눌 수 있다.

|표 6-1| 재료의 분류

분류	재료의 종류
재질	철재, 비철금속재, 비금속재
용법	주요 재료, 보조 재료, 소모 재료
관리법	상비 재료, 주문 재료(특별 주문이 필요한 재료)

3 자재 계획

(1) 재료 계획

자재에서 기본이 되는 것이 재료이므로 재료의 계획에 대해 설명하겠다.

재료 계획이란 생산 계획을 바탕으로 제품의 생산에 필요한 재료의 종류, 재질, 치수, 수량, 시기, 조달 방법 등을 월별 또는 기간별로 수배 계획을 세우는 일로서, 이것을 일 람표로 만든 것을 **재료표**라고 하며 재료 계획 부문이 담당하여 만든다.

재료 계획을 세울 때는 미리 다음과 같은 점을 준비한다.

① 재료의 자료가 되는 재료 소요량 기준표를 만든다. 이것은 제품의 각 필요 부품과 1대 당 각 부품의 수량, 재질, 치수 등을 정하여 표로 만든 것이다.

② 재료의 명칭을 정하고 그것을 기호화하여 분류한다.

③ 재료의 가격을 낮추고 관리하기 쉽게 하기 위해서 표준화하여 규격을 통일한다. 표 준화를 촉진하려면 VA(다음 항 참조)의 개념이 효과적이다.

④ 조달 방법으로서 자사 공장에서 만들지(내부 제작) 외부에 주문(외주 또는 외부 제 작)할지 내·외부 제작 구분을 검토한다.

(2) VA(가치 분석)란

제품에 필요한 기능을 가장 낮은 원가로 구하기 위해서, 제품의 가치에 대해 원재료, 설 계, 가공 방법 등 모든 면에서 분석 연구를 진행하는 활동을 VA(value analysis : 가치 분석)라고 한다. 이 경우의 기능이란 제품의 목적을 달성하기 위한 능력이나 효과 등의 특성을 말한다. 제품의 가격을 정하는 것은 수요자이다. 따라서 기업은 수요자의 입장에 서 가치 측정의 척도를 생각할 필요가 있다. 이 척도를 VA에서는 다음 식으로 나타낸다.

$$\text{가치}(V) = \frac{\text{기능}(F)}{\text{원가}(C)} = \frac{\text{기능을 평가한 금액}}{\text{기능을 만들기 위해 실제로 필요한 비용}}$$

위 식에서 제품의 가치를 향상시키기 위해서는 다음과 같은 사항을 실시해야 한다는 것 을 알 수 있다.

① 기능을 일정하게 하여 원가를 내린다.

② 원가를 일정하게 하여 기능을 향상시킨다.

③ 원가가 오를 때는 그 이상으로 기능을 향상시킨다.

즉, VA의 특징은 제품의 기능에 중점을 둔 개념으로서 수요자가 물건을 구입하는 것은 그 기능에 대해 대가를 지불하는 것이기 때문에 기능이 불완전하다면 그 물건은 가치가 없는 것으로 평가한다.

VA 활동의 순서는 ① 기능의 명확화, ② 정보 수집, ③ 기능 정리, ④ 기능 평가, ⑤개선 방안의 작성, ⑥ 개선 방안의 평가, ⑦ 시제품 제작, ⑧ 제안, ⑨ 실시라는 단계로 이루어진다.

또한, VA(가치 분석)라는 명칭은 개발 당시에 붙여진 것이며 그 후, 미 해군의 자재 조달에 이용되어 성과를 거둔 무렵부터 VE(value engineering : **가치공학**)라고도 불리게 되었다.

6-2 구매 관리

구매 업무는 재료 계획에 의해 정해진 재료를 원하는 질과 양으로 정해진 기일까지 조달하는 것이다. **구매 관리**의 주된 업무는 구매를 위한 조사, 계획, 실시 등이다.

1 구매의 조사와 계획

구매 계획을 세우기 위해서는 ① 해당 기간 동안의 자재 소비 예정량, ② 자재의 유효한 보유량 및 최저 보유량, ③ 발주로부터 납품까지의 소요 기간, ④ 시장과 구매처의 상태, ⑥시황과 계절적 변화에 따른 물가 변동 예상 등을 잘 조사해 놓아야 한다.

구매를 계획하려면 이상의 조사 자료를 바탕으로 가장 유리한 성과를 올리기 위해서, ①무엇을, ② 언제, ③ 어디서, ④ 얼마나, ⑤ 어떤 조건으로라는 5가지 기본 방침을 세워야 한다. 즉 ①은 품종·품질, ②는 구입 시기, ③은 구매처, ④는 구입 수량, ⑤는 가격과 지불 조건을 나타낸다.

2 구매 절차

자재를 구입하는 일반적인 절차는 다음과 같다.

❶ 구매 요구서로 자재 구입을 의뢰한다.

❷ 사전에 조사한 몇몇 거래처에 견적을 의뢰하고 견적 내용을 비교하여 구매처를 선택한다.

❸ 선택한 구매처에 주문서를 보내 구매 계약을 맺는다.

❹ 약속한 기일에 확실하게 납품될 수 있도록 납입을 촉구한다.

❺ 주문품을 받고 주문서와 비교 검사(검수)한 후, 창고에 넘겨준다.

❻ 대금 지불을 준비한다.

또한 주문서에는 주문처, 주문 번호, 품명, 내용(재질, 치수, 규격 등), 납기, 납입 장소, 수송 조건, 가격 및 지불 조건 등을 기입한다.

3 발주 방식

자재 재고량은 너무 많을 경우 재고 비용과 금리가 늘어나고, 너무 적으면 재고량 부족으로 생산 진행에 지장을 초래하게 된다. 따라서 적정한 재고량을 보유하기 위해서는 발주 시기가 중요하다. 이 발주 방식에는 정량 발주 방식과 정기 발주 방식의 2가지가 있다.

(1) 정량 발주 방식

재고량이 미리 정해진 수준까지 내려갔을 때 일정량을 발주하는 방식으로 발주점 방식이라고도 한다. 발주량이 일정하므로 수요 속도의 변화에 따라 발주 간격이 영향을 받는다. 따라서 이 방식은 상비품이나 일반 시판품과 같이 수요가 거의 안정되어 있고, 단가가 싸며 사용량이 많은 소품류의 발주에 적합하다.

그림 6-1과 같이, 재고량 수준이 점차 낮아져서 A점에 도달하면, 발주량 BC를 주문한다. 주문을 하고 나서 구입, 검사 등의 과정을 거쳐 물품이 납입되기까지의 기간을 **조달 기간** 또는 **리드 타임**(lead time)이라고 한다. 그림에서는 B점에서 발주량이 입고되고, 재고량은 급상승하여 C점에 이른다. 이 경우 A점을 지나는 발주의 재고량 수준을 **발주점**이라고 한다. C점에서 수요량이 적고 수요 속도가 느릴 때는 그래프선이 완만하게 내려가서 재고량이 많아지지만, 반대로 수요량이 많고 수요 속도가 빠를 때는 발주점에서 주문해도 그래프선이 급격히 내려가 물품의 입고 전에 '재고 소진'이 발생한다. 이 재고 소진을 방지하기 위해서는 발주점을 조달 기간 중의 평균 수요량에 안전 재고량을 더한 수준으로 잡아 재고량에 여유를 두면 된다.

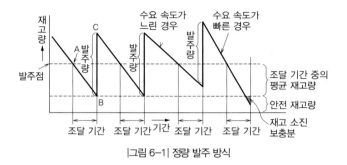

|그림 6-1| 정량 발주 방식

(a) 발주점을 구하는 방법

발주점 = 조달 기간 중의 평균 재고량+안전 재고량

=(단위 기간의 평균 수요량×조달 기간)+안전 재고량　　　　(6 ·1)

단, 단위 기간은 일 또는 월이다.

(b) 안전 재고량을 구하는 방법

안전 재고량=안전 계수×표준 편차×$\sqrt{조달기간}$　　　　(6 · 2)

단, 안전 계수와 표준 편차가 나타내는 내용은 다음과 같다.

(i) **안전 계수** : 재고 소진 확률을 어느 정도까지 허용하느냐에 따라 정해지는 계수로, 표준 편차의 배율을 나타낸다. **안전 계수**의 값은 재고 소진이 발생할 확률이 2.5%일 때 1.96, 5%일 때 1.65, 10%일 때 1.28로, 확률 5%일 때가 일반적으로 이용된다.

(ii) **표준 편차** : 데이터의 분산 정도를 수량적으로 나타내는 통계량의 하나로, 데이터의 각 수치와 그 평균값과의 차의 제곱의 합을 자유도[(데이터 수)−1]로 나눈 값을 **불편분산**이라고 하며, 불편분산의 양의 제곱근을 **표준 편차**라고 한다.
즉, 데이터의 각 수치를 x_1, x_2, $\cdots$, x_n, 그 수를 n개라고 하고 이들 평균값을 $\bar{x}$(엑스 바라고 읽음)로 나타내면 표준 편차는 다음 식으로 나타낼 수 있다.

표준 편차 = $\sqrt{\dfrac{1}{n-1}\{(x_1-\bar{x})^2+(x_2-\bar{x})^2+\cdots+(x_n-\bar{x})^2}$　　　　(6 · 3)

(iii) **최적 발주량**(EOQ : Economic Order Quantity) : 어떤 일정 기간의 구입품 조달 비용과 보관 비용과의 합을 최소로 하는 발주량을 **최적 발주량** 또는 **경제적 발주량**이라고 한다.

발주량과 비용의 관계를 그래프로 나타내면 그림 6–2와 같다. 즉, 1회당의

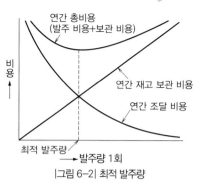

|그림 6–2| 최적 발주량

발주량을 늘리면, 단위당 보관 비용이 늘어나 오히려 조달 비용은 줄어든다. 따라서 이 2가지의 합이 최소가 되는 점이 최적 발주량이라는 것을 알 수 있다.

여기서 일정 기간을 1년으로 생각하면, 최적 발주량은 다음 식으로 구할 수 있다.

$$최적 발주량 = \sqrt{\frac{2 \times 연간수요량(개) \times 1회당 조달 비용}{구입단가(원) \times 재고 보관 비율}} \qquad (6 \cdot 4)$$

단, 재고 보관 비율이란 1년간의 보관품 1개의 가격에 대한 보관 비용의 비율이며, 보통은 보험료와 소모비 등을 포함하면 25% 정도가 된다고 한다.

[예제 6–1]

어떤 물건의 6개월간의 수요량 실적이 표 6–2와 같았다.

현재 조달 기간이 1.5개월 걸리고 재고 소진이 발생할 확률이 5%일 때의 발주점을 구하여라.

[풀이]

① 평균값을 구한다

$$1개월 평균 수요량 = \frac{합계}{데이터 수} = \frac{1200}{6} = 200$$

② 표준 편차를 구한다 ⋯ 식 (6 · 3)에서

$$표준 편차 = \sqrt{\frac{(각 데이터값 - 평균값)^2의 합계}{(데이터 수) - 1}}$$

$$= \sqrt{\frac{(180-200)^2 + (220-200)^2 + \cdots\cdots + (210-200)^2}{6-1}} = \sqrt{\frac{2800}{5}} = 23.664$$

|표 6–2| 매월 수요량

월	수요 수량
1	180
2	220
3	190
4	170
5	230
6	210
합계	1200

③ 안전 재고량을 구한다 … (b)항 (i)에서 재고 소진이 발생할 확률이 5%일 때 안전 계수는 1.65, 따라서 식 (6 · 2)에서

안전재고량 = 안전계수 × 표준편차 × $\sqrt{조달기간}$

$\qquad = 1.65 \times 23,664 \times \sqrt{1.5} \fallingdotseq 48$

④ 발주점을 구한다 식 (6 · 1)에서

발주점 = (1개월 평균 수요량 × 조달 기간) = 안전 재고량

$\qquad = (200 \times 1.5) + 48 = 348개$

[예제 6-2]

어떤 물건의 단가가 1개당 6,400원이고, 연간 수요량이 60,000개, 1회당 조달 비용이 120,000원, 재고 보관 비율이 25%, 안전 재고량이 1,000개일 때, ① 최적 발주량, ② 평균 재고량, ③ 발주 횟수를 구하여라.

[풀이]

연간 수요량 60,000개, 조달 비용 120,000원, 단가 6,400원, 재고 보관 비율 25% = 0.25를 식 (6 · 4)에 대입하면

① 최적발주량 $= \sqrt{\dfrac{2 \times 연간수요량 \times 1회당 조달 비용}{구입 단가 \times 재고 보관 비율}}$

$\qquad = \sqrt{\dfrac{2 \times 60,000 \times 120,000}{6,400 \times 0.25}} = 3,000개$

② 평균재고량 $= \dfrac{발주량}{2} + 안전재고량 = \dfrac{3,000}{2} = 2,500개$

③ 발주횟수 $= \dfrac{연간 수요량}{발주량} = \dfrac{60,000}{3,000} = 20회$

---

(2) 정기 발주 방식

그림 6-3과 같이 미리 일정 기간, 예를 들면 월 1회로 발주 간격을 정해 놓고 그때마다 현재의 재고량과 수요량 등에 맞춰 발주량을 정해서 발주하는 방식이다.

이 방식은 수요가 변동하는 경우에 적합하며, 주로 단가가 높은 물건에는 유리하지만, 적절히 수요를 예측해야 할 필요가 있다.

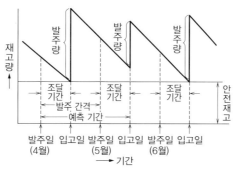

|그림 6-3| 정기 발주 방식

(a) 발주량을 구하는 방법

$$발주량 = 예측 기간 중 예측 수요량 - 발주 시 재고량 + 안전 재고량 \qquad (6 \cdot 5)$$

만약 발주 시에 미입고 주문량(발주했으나 아직 입고되지 않은 주문량)이 있으면 이것을 위 식에서 빼고, 미납입(수주했으나 아직 납품하지 않은 수주량)이 있으면 이것을 더한다. 예측 기간이란 (발주 간격 + 조달 기간) 이다.

(b) 안전 재고량을 구하는 방법

$$안전 재고량 = 안전 계수 \times 표준 편차 \times \sqrt{발주 간격 + 조달 기간} \qquad (6 \cdot 6)$$

[예제 6-3]

예제 6-1의 수요량 실적에서, 6월 발주 시 재고수가 60, 주문량이 40이었다. 조달 기간 0.5개월, 발주 간격 1개월, 재고 소진의 발생 확률 5%, 예측 수요를 과거 데이터의 평균값으로 하여 정기 발주 방식에 따라 발주량을 구하여라.

[풀이]

① 안전 재고량을 구한다 … 식 (6 · 6)에서

$$안전재고량 = 안전계수 \times 표준편차 \times \sqrt{발주간격 + 조달 기간}$$
$$= 1.65 \times 23.664 \times \sqrt{1 + 0.5} = 47.8 \fallingdotseq 48$$

② 발주량을 구한다 … 식 (6 · 5)에서

$$발주량 = (발주간격 + 조달기간) \times 1개월 평균 수요량 - 발주 시 재고량 - 주문량 + 안전 재고량$$
$$= (1 + 0.5) \times 200 - 60 - 40 + 48 = 248개$$

6-3 외주 관리

1 외주 관리란

외부에 주문한 물품의 품질, 가격, 납기 등에 대한 합리적인 관리를 말한다. 발주를 한다는 점에서는 구매와 같지만, 계약 때마다 도면 지급, 사양 협의, 기술 지도, 때로는 재료 지급이 수반되는 경우도 있어서 외주 기업은 발주 기업과 여러 면에서 밀접한 관련을 가진다.

그리고 **사양**이란, 기업 또는 공장이 외부 업자와 재료, 제품, 공구, 설비 등의 매매 계약을 할 때 요구할 특정한 형상, 구조, 치수, 성분, 능력, 정밀도, 성능, 제조 방법, 시험 방법 등 필요 사항을 정한 것이며, 이 사양을 문서화한 것을 사양서라고 한다.

2 외주 이용의 목적

외주는 다음과 같은 경우에 도입한다.

❶ 생산량이 적어 외주하는 편이 원가가 싸다.

❷ 수요의 급증으로 발생하는 생산 능력의 부족을 보완한다.

❸ 자사에 없는 기술이나 설비가 필요하다.

❹ 수요를 전망하기 어려워 설비 자금 투입의 위험을 피한다.

3 외주 관리의 내용

외주 관리를 하는 데 필요한 일의 내용은 다음과 같다.

❶ 무엇을, 얼마나, 어느 외주 공장에 발주할지 결정한다.

외주 공장을 선택할 때는 일정 기간의 거래 실적을 바탕으로 실태 조사를 한 후 평가하면 효과적이다.

❷ 계약을 체결하고, 그 실시가 합리적으로 처리될 수 있도록 노력한다.

계약할 내용으로는 사양, 가격, 납기, 지불 조건, 재료 지급 유무(지급할 경우, 유상인가 무상인가), 납품 장소, 운반, 품질 검사 등이 있다.

❸ 외주 기업과의 관계 조정과 합리화에 힘쓴다.

또한 외주 기업의 기술 수준을 높이기 위해 기업의 실태를 파악하고 다음과 같은 지원, 지도를 한다.

① 자금, 기계, 설비 등의 지원과 기술 지도 등을 한다.

② 적당한 인재를 파견하여 경영·관리에 관한 조언과 지원을 한다.

③ 계획적으로 발주하고, 일정 기간의 장기 계약 등을 보증한다.

④ 품질과 납기 등에 대한 성적 평가와 등급을 매긴다.

 6-4 운반 관리

1 운반 관리란

물품의 취급, 이동, 보관에 관한 기술과 관리를 말한다. 지금까지는 운반을 단순히 물품을 모아서 운반하는 일로만 여겼지만, 현재의 운반 작업은 필요한 물품을 필요한 시간과 장소에 가능한 한 저렴하고 안전하면서 확실하게 공급하는 데 목적을 두고 있다.

따라서 **운반 관리**는 공장 전체의 생산 능률에 얼마나 도움을 줄 수 있는가를 생각하면서 관리해야 한다. 이러한 운반 관리를 **머티리얼 핸들링**(material handling : MH)이라고 한다.

운반의 방법과 시설·설비 등을 합리화하여 개선을 도모하면, ① 생산 계획의 확실화, ② 생산량 증가, ③ 운반비 절감, ④ 제품 손상 감소, ⑤ 재공품 감소, ⑥ 재해 발생 감소, ⑦ 제품 품질 유지 등의 이익을 얻을 수 있다.

2 운반 계획

공장 내 생산 활동에서는 반드시 운반이 필요하며, 실제로 운반에 소요되는 경비는 제품 원가의 30~40%를 차지하고, 업종에 따라서는 60%에 이르는 경우도 있어 운반의 합리화가 얼마나 중요한지 알 수 있다.

따라서 **운반 계획**에서 우선 고려해야 하는 점은 가능한 한 운반 작업을 줄이는 것이다. 이를 위해서는 다음에 서술하는 **운반 합리화**의 요점에 입각하여 운반의 방식, 설비, 경로, 중량,

횟수와 운반비, 작업원 등을 계획해야 한다.

(1) 운반 합리화의 요점

① 운반을 없애는 경우를 생각한다.

그 장소에서 운반이 왜 필요한지, 운반의 목적을 따져보고 최소한의 운반을 생각한다.

② 작업장 및 기계·설비의 배치를 검토한다.

운반 경로는 역행, 굴곡, 교차를 피해 가급적 직선 운반으로 하고 공간 이용도 고려한다.

③ 운동의 4요소를 고려한다.

잡는다 → 나른다 → 놓는다 → 둔다(저장, 보존)의 4요소가 운반 사이클로서 효율적으로 돌아가도록 고려한다.

④ 물건을 모아서 나른다.

모으는 방법에는 묶기, 용기나 상자에 넣기, 팔레트나 스키드[3항 (5) 참조]에 얹기 등이 있다.

⑤ 물건을 옮기기 쉬운 상태로 놓는다.

물건을 놓을 때는 다음 차례의 운반을 생각하여 옮기기 쉬운 상태로 놓는 것이 중요하며, 이 옮기기 쉬운 특성을 **운반 활성**이라고 한다.

표 6-3의 활성 지수는 운반 활성의 정도를 나타낸 것으로, 활성이 어려운 순으로 0, 1, 2, 3, 4의 숫자로 나타낸다.

⑥ 물건 흐름의 효율화를 도모한다.

물건 흐름의 효율을 높이려면, 하역이나 중개 등의 취급 시간을 줄이는 것이 중요하다. 그러기 위해서는 가능한 한 중력 활용, 운반의 기계화, 자동화를 고려한다.

|표 6-3| 운반 활성에 이용하는 활성 지수

구분	활성 지수	필요 동작수	동작의 종류				동작 설명
			모은다	세운다	들어 올린다	가져간다	
낱개로 놓기	0	4	○	○	○	○	바닥, 받침대 위에 낱개로 놓인 상태
모아 놓기	1	3	—	○	○	○	컨테이너나 상자에 모아져 있다.
세우기	2	2	—	—	○	○	팔레트 위에 있다.
차량 위	3	1	—	—	—	○	차량 위에 실려 있다.
이동 중	4	0	—	—	—	—	컨베이어, 슈트, 차량 등으로 이동

⑦ 운반은 수평 이동으로 한다.

공장, 건물, 설비, 기계, 운반물의 각 배치는 가능한 한 상하 이동을 줄이고 수평 이동으로 한다.

⑧ 공운반을 피한다.

공운반이란 물건을 싣지 않고 빈 상태로 사람이나 운반기기만 이동시키는 것을 말한다. 공운반 분석에는 운반 공정 분석(다음 항 참조)을 이용한다.

(2) 운반 경로 계획

운반 경로를 계획하려면 작업장과 설비의 배치와 더불어 운반 경로를 조사해야 한다. 이 경로의 조사에는 **운반 공정 분석** 기법이 이용된다. 분석 방법은 공정의 경로에 따라 물품이 흐르는 상태를 기호로 분석한다.

공정도로서 공정 분석 기호를 사용한 흐름 공정도나 흐름선도로 분석해도 좋지만, 운반 상태를 더욱 상세하게 분석하려면 표 6-4 (a), (b)에 나타낸 기본 기호 및 상태 기호를 이용한다.

이러한 분석 기호를 이용해 물품의 흐름을 나타낸 예가 그림 6-4의 **운반 공정 분석도**이며 직선식과 배치도식이 있다.

직선식은 그림(a)와 같이 공정 순서에 따라 분석 기호를 직선 모양으로 표시하고, 필요에 따라 기호의 왼쪽에 소요 시간, 거리 등을 기입하며, 오른쪽에 장소, 작업자, 운반 도구, 횟수, 방법 등을 기입한다. 배치도식은 그림(b)와 같이, 공장 설비의 배치도에 직선식에 준하여 분석 기호와 운반 경로를 기입한 것으로, 이동선을 표 6-5와 같이, 사람, 물건, 운반 도구로 나눠서 표시하고, 운반 경로 외에 사람과 물건과 운반 도구의 관계를 밝히면, 공운반의 상황을 쉽게 알 수 있다.

|표 6-4| 운반 공정 분석에 이용하는 기호

(a) 기본 기호

명칭	기호	내용	물건의 상태
이동	⋃	물건 위치의 변화	} 움직인다.
취급	⌒	물건 지지법의 변화	
가공	○	물건의 형상 변화와 검사	} 움직이지 않는다.
정체	▽	물건에 대한 변화가 생기지 않는다.	

명칭	기호	상태
낱개로 놓기	ᗺ	바닥, 선반 등에 낱개로 놓인 상태
모아 놓기	ᗺ	컨테이너 또는 상자 등에 모아둔 상태
세우기	ᗺ	팔레트 또는 스키드로 일으켜 세운 상태
차량 위	ᗺ	차량에 실려 있는 상태
이동 중	ᗺ	컨베이어나 슈트로 움직여지고 있는 상태

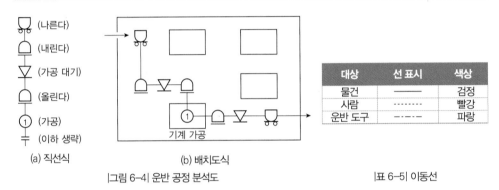

|그림 6-4| 운반 공정 분석도

|표 6-5| 이동선

대상	선 표시	색상
물건	——	검정
사람	--------	빨강
운반 도구	–·–·–	파랑

(3) 운반 방법

운반 방식은 생산 방식에 따라 다르지만 시간적인 연관성으로 분류하면 다음과 같이 나뉜다.

(a) 간헐 운반

어떤 시간 간격을 두고 운반되는 방식으로, 그 시간 간격에 따라 비정시 운반과 정시 운반으로 나뉜다. **비정시 운반**은 다종 소량 생산에서 운반 물품을 비교적 먼 곳에 모아서 운반하는 경우에 적합하다. **정시 운반**은 시간표에 따라 순회하면서 운반하는 방식으로 중량 생산에 적합하며, 재공품의 정체를 없애 운반의 효율화를 도모할 수 있다. 운반 도구로는 손수레, 지게차 트럭, 크레인 등이 사용된다.

(b) 연속 운반

운반 물품을 연속적으로 운반하는 방식으로 매우 능률적인 운반이 된다. 소품종 다량 생산에서 연속적으로 가공이나 조립을 하는 경우에 적합하다. 운반 설비에는 각종 컨베이어, 슈트 등이 이용된다.

3 운반 설비

운반에 이용되는 설비의 종류는 매우 많지만 설비를 선정할 때는 운반 계획에 의거해, 생산 방식과 기술에 맞춰 전체적인 균형을 생각하는 것이 중요하다. 주된 **운반 설비**를 들면 다음과 같다.

(1) 크레인(crane)

짐을 들어 올려서 상하, 좌우, 전후로 운반하는 기계 장치로 기중기라고도 한다. 그림 6-5와 같이, 사용 목적에 따라 많은 종류가 있다.

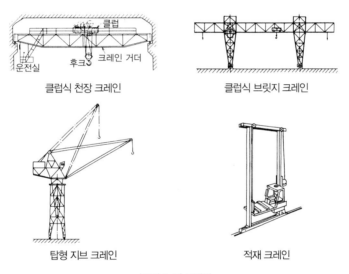

클럽식 천장 크레인   클럽식 브릿지 크레인

탑형 지브 크레인   적재 크레인

|그림 6-5| 크레인

(a) 천장 크레인(overhead crane)

공장, 창고 등의 천장부에 설치하는 크레인으로, 재료의 운반, 상하 이동, 조립 등에 이용한다. 권상 중량은 일반적으로 5~10톤이 많이 이용되고 대형인 경우는 200~ 600톤 정도까지 있다. 소형 용량에는 전기 호이스트[(3)항 (b) 참조]를 이용한 호이스트식 천장 크레인, 대형 용량에는 크레인 거더 위를 이동하는 **트롤리**(짐을 매달고 이동하는 대차)에 권상 장치와 이동 장치를 갖춘 클럽식 천장 크레인이 이용된다.

(b) 지브 크레인(jib crane)

지브라는 긴 팔을 가진 크레인으로, 지브의 끝에서 짐을 매달고 이동한다. 높은 탑

모양의 다리를 가진 탑형 지브 크레인, 높은 문 모양의 다리를 가진 문형 지브 크레인, 공장이나 창고 같은 건물의 기둥이나 벽에 수평으로 설치한 지브를 가진 벽 크레인 등이 있다. 탑형 지브 크레인은 주로 조선소 등에서 이용하며 권상 능력은 25~100톤 정도이다.

(c) 브릿지 크레인(bridge crane)

레일 위로 주행하는 다리를 가진 교각에, 트롤리 또는 지브가 달린 크레인이 있는 크레인으로 **갠트리 크레인**(gantry crane)이라고도 한다. 주로 실외에 설치하여 중량물 운반, 기계 장치 조립 등에 이용한다. 권상 능력은 5~300톤 정도이다.

(d) 적재 크레인(stacking crane)

선반을 입체적으로 배치한 창고 등에서 팔레트에 실린 물품을 효율적으로 입출고하기 위해 사용하는 크레인으로, 짐받이 부분에 운전대를 설치하여 운전사가 물품을 확인하면서 조작을 하는 것과, 자동 창고(6-5절 2항 참조)에 설치해 정보 시스템 조작으로 물품의 입출고를 완전 자동화한 것 등이 있다.

(2) 컨베이어(conveyor)

재료나 화물을 싣고 연속적으로 일정 거리를 운반하는 기계 장치이며, 다음과 같은 종류가 있다(그림 6-6).

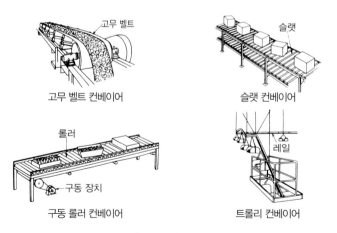

|그림 6-6| 컨베이어

(a) 벨트 컨베이어(belt conveyor)

고무, 천, 철망, 강판 등으로 만든 무한궤도 상태의 벨트를 컨베이어 양 끝에 있는 벨트 풀리에 걸어 회전시키고 물건을 벨트 위에 올려서 운반한다. 운반이 원활하고 조용하게 이루어지므로 원료나 잡화의 운반을 비롯해 흐름 작업에서 제품의 조립, 검사, 선택 등에 이르기까지 폭넓은 범위에 이용된다.

(b) 체인 컨베이어(chain conveyor)

체인(사슬)을 이용하여 물건을 운반하는 컨베이어로, 물건의 지지 상태에 따라 여러 종류가 있다. 1조 또는 몇 조의 체인에 슬랫(작게 자른 판)을 연속적으로 붙인 슬랫 컨베이어, 그 양쪽에 에이프런(수직 벽) 또는 접시 모양의 팬을 설치한 에이프런 컨베이어와 팬 컨베이어, 양동이 모양의 용기를 사용한 버킷 컨베이어, 천장에 가설한 레일 위로 트롤리를 순환시키는 트롤리 컨베이어 등이 있다. 이것들은 주로 가로 방향으로 이동하는 수평 컨베이어이지만, 체인에 버킷(bucket), 팔(arm), 트레이(tray) 등을 붙여 세로 방향으로 이동하는 수직 컨베이어도 있다.

(c) 롤러 컨베이어(roller conveyor)

롤러를 수없이 병렬로 늘어놓고 이것에 받침틀을 장착한 컨베이어로, 롤러를 구동하지 않고 물건의 자중을 이용해 운반하는 프리 롤러 컨베이어와 롤러를 동력으로 구동시켜 운반하는 구동 롤러 컨베이어가 있다.

(d) 기타

진동을 주어서 짐을 운반하는 진동 컨베이어, 유체나 공기를 매체로 짐을 운반하는 유체 컨베이어, 공기 컨베이어, 공기막(air film)으로 마찰을 줄이는 공기 필름 컨베이어 등이 있다.

(3) 승강기 및 호이스트

짐을 수직 방향으로 이동할 때 사용하는 기계 장치이며, 엘리베이터 및 호이스트가 있다.

(a) 승강기(elevator)

로프를 감아올리거나 풀어서 움직이는 로프식(0.5~4톤)과, 유압에 의해서 직접 또는 간접으로 움직이는 유압식(1~6톤)이 있다. 또, 특수 엘리베이터에는 부품 등의 소품류를 운반하는 덤웨이터(dumbwaiter)(150kg), 운반 조작을 완전 자동화한 셔틀 엘리베이터(shuttle elevator) 등이 있다.

(b) 호이스트(hoist)

동력의 종류에 따라 수동 핸드 호이스트, 압축 공기를 원동력으로 하는 공기 호이스트 및 가장 일반적으로 이용되는 전동기에 감속 기어 장치를 합체한 비교적 소용량(0.1 ~10톤)의 권상 기계로, 이것을 천장 부근에 설치한 I형강의 레일을 따라서 수평 방향으로도 이동할 수 있도록 한 것을 호이스트식 천장 크레인(그림 6-7)이라고 한다. 이 밖에 전기 호이스트를 간단히 한 윈치(winch), 와이어 로프 대신에 체인을 이용한 체인 블록(chain block) 등이 있다.

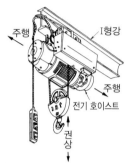

|그림 6-7| 호이스트식 천장 크레인

(c) 슈트(chute)

위치의 높낮이로 인해 낙차가 있는 경우, 화물의 자중을 이용해서 미끄러뜨려 이동시키는 것으로, 주로 창고 등에서 자루를 내릴 때 이용한다(그림 6-8). 경사가 지나치게 급하면 화물을 손상시키기 쉽고, 경사가 완만한 곳에서는 롤러 컨베이어를 함께 이용해야 한다.

|그림 6-8| 슈트 (스파이럴 슈트)

(4) 산업 차량

공장이나 창고 등에서 운반에 이용되는 차량을 **산업 차량**이라고 하며, 동력식과 수동식이 있다.

(a) 동력식 산업 차량

차량을 움직이는 동력에는 내연기관 또는 배터리가 사용된다. 대표적인 것을 예로 들면 다음과 같다.

(i) 지게차(forklift truck) : 개별 생산에서 운반을 주로 담당하는 것에 지게차와 짐

받이로서 이용되는 팔레트가 있다.

|그림 6-9| 지게차

지게차는 그림 6-9와 같이 차체 전방에 설치한 마스트를 따라 2개의 포크가 유압 장치에 의해서 승강하는 구조의 소형 트럭으로, 화물을 얹은 팔레트에 포크를 꽂아 넣고 싣고 내리거나 운반을 한다.

카운터 밸런스 포크리프트(counter-balanced forklift)는 전방 포크에 적재되는 화물의 무게와 균형을 유지하기 위해 차체 후방에 추를 설치한 것으로, 가장 일반적으로 이용된다. 이 밖에 긴 형상의 화물을 운반할 때 이용되는 사이드 포크리프트(side forklift), 마스트가 앞뒤로 이동되는 리치 포크리프트(reach forklift) 등이 있으며, 적재 하중은 0.5에서 25톤인 것까지 있다.

(ⅱ) 운반차 : 화물을 실은 몇 대의 차량을 동력을 장착한 원동차로 견인하는 것으로, 이 경우 원동차를 트랙터(tractor), 견인되는 차를 트레일러(trailer)라고 부른다.

(b) 수동식 산업 차량

짐받이에 바퀴를 단 손수레, 수동조작으로 발생하는 유압을 이용해 짐을 들어 올려 나르는 핸드 리프트 트럭(hand lift truck) 등이 있다. 이것들은 주로 인력에 의해 구내, 옥내 등의 평평한 노면 상에서 화물을 운반할 때 이용된다.

(5) 부속품

(a) 팔레트 및 스키드

그림 6-10에 나타낸 **팔레트**(pallet)는 지게차에서 화물을 운반할 때 이용되는 평형 짐받으로, 겉면과 안쪽면 사이에 포크를 삽입할 수 있는 틈이 있고 여기에 포크를 꽂아 운반한다. 팔레트를 한쪽 면만 하여 간단하게 만든것을 스키드(skid)라고 한다.

데크 보드

삽입구 삽입구

|그림 6-10| 팔레트

(b) 컨테이너(container)

금속제 대형 용기를 말하며 여기에 소품, 잡화 같은 짐을 실어 운반한다. 포장이나 짐을 꾸릴 필요가 없고, 짐을 내리고 쌓기도 쉬우며 반복해서 사용할 수 있다. 컨테이너 전용의 트럭, 열차, 배 등에 의한 수송을 **컨테이너 수송**이라고 한다. 물품 취급이 편리하도록 일정 단위(유닛)로 정리한 것을 **유닛 로드**(unit load)라고 하며 유닛 로드에 의해 물류 활동 전체가 합리적으로 이루어지는 시스템을 **유닛 로드 시스템**이라고 한다.

6-5 창고 관리

1 창고 관리란

창고는 자재를 받아 일정 장소에 보관하고, 필요에 따라 인출하는 건물을 말한다. 따라서 **창고 관리**를 할 때는 현품의 분실이나 손상을 방지하는 동시에, 장부를 작성하여 항상 재고량을 밝히고 생산 현장의 요구에 따라 신속하게 인출할 수 있도록 정리, 정돈을 해 두어야 한다.

2 창고의 건물과 설비

(1) 창고 건물

창고 건물은 보관 자재의 종류, 품질, 형상, 수량, 생산 방식 등에 따라 구조와 크기를 달리한다. 창고의 형식은 크게 다음의 3종류로 나뉜다.

(a) 단층 창고

단층으로 된 건물이다. 땅만 있으면 필요에 따라서 공간을 넓힐 수 있으며, 비교적 건설비가 싸고 물품의 출납이 빠르다. 단, 토지의 유효 이용이라는 점에서는 다른 형식보다 뒤떨어진다.

(b) 다층 창고

2층 이상의 바닥면을 가지며 각 층은 단층 건물과 같다. 지면을 효과적으로 이용할 수 있지만 위층을 지지하기 위해선 기둥이 굵고 갯수가 많아야 하며 운반을 상하로 이동하는 것이 문제이다.

(c) 입체 창고

건물 기둥을 골격으로 삼아 격자 모양의 보관 선반(**랙**)을 높게 구축하고 이것에 지붕과 외벽을 설치해 창고로 만든 것으로, 높이가 40m 정도인 것까지 건축된다. 입체 창고는 다음과 같은 이점이 있다.

① 토지를 효과적으로 이용할 수 있다.

② 적재 크레인을 사용하여 통로를 좁힐 수 있기 때문에 공간 효율이 좋고, 높게 쌓인 랙에서도 화물을 쉽게 출납할 수 있다.

③ 보관 위치를 좌표로 표시할 수 있기 때문에 컴퓨터를 사용해 신속하게 화물을 출납할 수 있다.

따라서 입체 창고 건물은 공장 자동화에 따라 창고의 자동화를 꾀한 **자동 창고**에 사용된다. 자동 창고는 적재 크레인, 무인지게차, 무인반송대차(AGV) 등을 입체 창고에 설치하여 랙 위에 수납한 공작물과 공구 등의 구분과 반송을 컴퓨터의 명령을 통해 자동으로 실시하는 창고이다. 이와 같이 자동화된 입체 창고를 **입체 자동 창고**(그림 6-11, 그림 6-12)라고 한다.

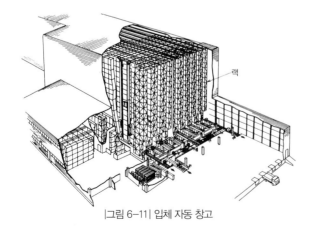

|그림 6-11| 입체 자동 창고

|그림 6-12| 입체 창고 내 화물의 출납

(2) 창고 설비

운반 설비로는 자재의 종류, 크기, 무게 등에 따라 천장 크레인, 적재 크레인, 모노레일, 엘리베이터, 컨베이어, 호이스트 등이 설치된다.

부속 설비로서는 일반적으로 보관대, 선반, 상자, 랙, 사다리, 탱크, 계량 설비, 절단 설비 등 외에도, 어디로든 이동해 운반할 수 있는 지게차 등을 갖추어야 한다.

창고 안은 일반적으로 채광이나 통풍이 불충분하기 때문에 적당한 조명과 환기 장치를 마련하고, 온도나 습도의 변화를 피해야 하는 경우에는 공기 조화 설비를 갖춘다. 또한 화재에 대비하여 소방 소화 설비를 갖추고 도난에는 충분히 방호할 수 있는 시설을 마련해야 한다.

(3) 관리 절차

창고에서 이루어지는 기본적인 업무는 자재의 입고에서 시작해 보관, 출고에 이르는 현품 취급 및 기록이며, 그 사이에 이루어지는 재고 조사가 있다. 그 관리 절차는 다음과 같다.

(a) 입고

외부에서 납품하여 검수가 끝난 현품은 검사 완료 도장이 있는 납품서와 함께 창고로 이동되고, 검사를 마친 자사 제품은 현품표와 함께 창고로 옮겨져 재고품 대장에 기록한 뒤 **입고** 보관된다.

아울러 **검수**란, 구입 재료나 외주품을 접수할 때 품질, 형상, 수량 등을 검사하여 합격 여부 판정, 부적합품 반환 등을 실시하며, 동시에 현품을 수납하고 납품서 날인 같은 전표 처리를 통해 수령 승인에 대한 사무 절차를 실시하는 일이므로 검사부서는 일반적으로 독립된 부문으로 두는 것이 바람직하다.

또한, 현품과 함께 제출되는 납품서는 검수, 입고, 청구 등의 사무 처리에 이용된다.

(b) 보관

입고된 현품은 잘 정리해서 **보관**한다. 현품 출납, 수량 검사를 용이하게 하기 위해 재고품의 분류, 기호화, 색채화, 보관 장소의 구분과 기호화 등을 실시한다. 이러한 절차는 컴퓨터의 도입으로 신속하게 처리할 수 있다.

(c) 출고

창고에서 자재를 **출고**할 때는 출고표를 이용해 출고 수속을 한다. 일반적으로 출고표는 2~3부가 발행되며 1부는 현품표로서 현품에 붙여서 요구처에 돌려주고 나머지는 회계 처리용으로 경리 부서로 보내거나 기장 자료로 창고에 보관한다.

출고품 운반은 창고 운반계에 따라 달라지지만 요구처의 출고 요구에 대해서는 확실하게 배달이 이루어져야 한다. 미리 배달 경로와 시간을 정하고 운행하는 제도를 채택하면 배달 외에 출고 요구 접수 등도 할 수 있다.

(d) 재고 조사

재료, 재공품, 제품 등의 재고품에 대해 종류, 수량, 품질 등을 조사하고 그 가격을 평가하여 장부 등과 대조하는 것을 **재고 조사**라고 하며, 그 목적은 ① 재고품의 수불과 보관이 적정한지, ② 과잉품, 사장품, 부적합품은 없는지, ③ 장부 가격과 현품의 평가 가격에 차액은 없는지 등을 조사하는 것이다. 만약, 장부와 현품에 차이가 있으면 그 원인을 조사하여 수정하고, 장부가 실제의 잔고의 가치를 나타내도록 조치한다.

재고 조사를 진행하는 방식에는 정기적으로 일제히 하는 정기 재고 조사와 매일 또는 일정 기일마다 조금씩 진행해 차례로 전 품목을 조사하는 순환 재고 조사가 있다.

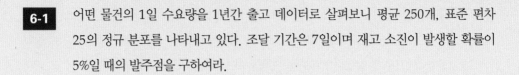

6-1 어떤 물건의 1일 수요량을 1년간 출고 데이터로 살펴보니 평균 250개, 표준 편차 25의 정규 분포를 나타내고 있다. 조달 기간은 7일이며 재고 소진이 발생할 확률이 5%일 때의 발주점을 구하여라.

6-2 어떤 물건의 단가가 4,000원이고 연간 추정 수요량이 20,000개, 1회당 조달 비용이 60,000원, 연간 재고 보관 비율이 25%, 안전 재고량이 600개일 때 ① 최적 발주량, ② 평균 재고량, ③ 발주 횟수를 구하여라.

6-3 정기 발주 방식인 경우, 다음과 같은 조건에서의 재발주량은 얼마가 되는가?
조달 기간=1개월, 발주 간격=2개월, 주문 잔량=650개, 재고량=50개, 안전 재고량=100개, 실적 수요 수량=매월 500개

제 7 장

설비와 공구의 관리

설비 관리

1 설비 관리란

생산 공장에서 **설비**[10]의 라이프 사이클(life cycle)을 생각해 보면 조사, 연구. 계획, 설계, 제작, 설치, 운용, 보전, 폐기 과정을 거친다. 이러한 설비의 조사, 계획부터 폐기에 이르는 라이프 사이클을 효과적으로 활용해 기업의 생산성을 높이고 수익을 향상시키는 관리 활동을 설비 관리라고 한다.

설비 관리의 목적은 생산에 가장 적합한 설비를 설치하고, 그 설비가 지닌 성능이 최고의 상태를 유지하도록 하는 것이다. 나아가 설비의 활동에 수반하여 발생하는 공해와 재해의 방지에 대해서도 고려해야 한다. 또한, 최근에는 생산 기술이 급격히 진보하여 기계 설비의 구식화를 앞당기므로 설비 보전에 힘쓰는 동시에 적절한 시기를 선택해 설비를 갱신하고 근대화를 도모해야 한다.

2 설비 계획

기계 설비는 제품의 품질·가격 또는 생산의 방법, 능력, 시간 등 생산 공정이나 관리면과 매우 관련이 깊기 때문에 그것의 적합 여부가 생산 능력에 큰 영향을 미친다. 따라서 설비 계획은 공장 계획이나 생산 계획과 밀접한 관계가 있어, 공장 전체의 계획 일환으로 생각할 필요가 있다.

설비 계획은 생산 계획에서 결정된 생산 방식에 따라, ① 생산 설비 선정, ② 필요 대수 결정, ③ 배치 계획, ④ 예산화 등의 순서로 이루어진다.

---

[10] **설비** 어떤 사용 목적을 위해 갖추는 물적 수단을 말한다. 공장과 관련된 것으로는 ① 토지, 건물 및 기초, ② 건물의 부대 설비로서 공기 조화, 냉난방, 조명, 동력, 증기, 가스, 압축기, 상·하수도. 정화조, 공해 방지 등의 제반 설비, ③ 생산 설비로서 기계, 장치, 치공구류, 계측기기류, 그 외 보조 설비 기구류, ④ 운반·수송 기계, ⑤ 사무용 기계 등이 있다. 여기서는 주로 기계 설비를 중심으로 설명한다. 또한, 토지는 정지(땅을 반반하게 만드는 일)나 청소 손질 같은 관리상의 필요에 의해 설비 분야에 포함시켰다.

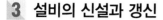

3 설비의 신설과 갱신

(1) 설비 신설

설비를 선정하기 위해서는 기술적 측면 및 경제적 측면에서 검토가 필요하다.

(a) 기술적 측면

이 경우 ① 제품이 필요로 하는 품질과 정밀도, ② 기계의 생산성과 보전의 난이도, ③ 단기·장기에 걸친 제품의 예측 수요량 등을 검토한다.

(b) 경제적 측면

신설 설비로 조업했을 경우의 투자 금액에 대한 이익과 경비를 비교 검토한다.

(2) 설비 갱신

기존 설비를 새로운 설비로 바꾸는 것을 **설비 갱신**이라고 한다. 설비는 관리나 수리가 충분히 이루어지더라도 시간이 경과함에 따라 점차 노후화되어 신설 당시의 성능을 오래 유지할 수 없다. 또한, 기술의 진보로 고성능 신형 설비가 개발되면 현재 보유하고 있는 설비는 구식이 되어 생산성면에서 불리하게 된다. 즉, 노후화와 구식화라는 두 가지 이유로 설비 갱신이 필요해진다.

설비 갱신을 경제적으로 판정하려면, 다음과 같은 방법이 있다.

(a) 자금 회수 기간법

투자에 소요된 자금을 가장 빠르게 회수할 수 있는 설비를 선택하는 방법이다.

(b) 원가 비교법

각 신·구형의 설비로 생산했을 때 소요되는 각 원가를 채산적으로 비교하는 방법이다.

(c) 투자 이익률법

각 신·구형의 설비의 투자액에 대한 연간 이익률을 구하고 이것을 비교하는 방법이다.

4 설비 보전

(1) 설비 보전이란

보전이란 시스템, 기기, 장치, 부품 등이 항상 사용이나 운용할 수 있는 정상적인 상태를 유지하거나 고장이나 결함 등이 있을 경우 즉시 복구하기 위해 실시하는 모든 조치와 활동을 말한다. **유지 보수** 또는 **정비** 등이라고도 한다.

설비 보전 활동은 단순히 설비의 성능을 유지하기 위해 필요할 뿐만 아니라 생산성 향상을 목표로 하는 생산 보전 활동과도 깊은 연관이 있다. **생산 보전**(productive maintenance : PM)이란 기업의 생산성을 높이기 위해 가장 경제적인 보전을 하는 일로서 그 활동을 분류하면 다음과 같다.

(a) 보전 예방(maintenance prevention : MP)

설비의 설계나 제작 단계에서 고장이 적고 보전이 쉬운 설비를 만드는 일.

(b) 일상 보전(routine maintenance : RM)

일상적으로 실시하는 설비의 점검, 청소, 조정, 급유, 부품 교체 등의 유지 관리 활동을 하는 일. 그림 7-1은 일상 보전 체크 시트의 일례이다.

(c) 개량 보전(corrective maintenance : CM)

고장일 때만 실시하는 수리에 머물지 않고, 설계 변경, 재질 개량, 부품 교체 등으로 설비 자체의 체질을 개선하여 설비의 생산성과 안전성을 적극적으로 향상시키는 일.

(d) 예방 보전(preventive maintenance : PM)

생산 설비가 고장나기 전에 이상을 발견해 정비하고 생산 가능한 상태를 유지할 수 있도록 계획적인 시험이나 검사를 통해 부품을 수리하거나 교체하는 일.

(e) 사후 보전(breakdown maintenance : BM)

설비가 고장난 후에 수리나 교체 등의 처치를 실시하는 일.

(f) 예지 보전(predictive maintenance : PdM)

일상 보전 체크 시트

반명	기번
대표자명	

체크 기호		
○ 양호(사용 가능)	×	수리 요망(수리 이뢰)
× 이상(주의 요망)	△	긴급 수리 요망

작업자	체크 수칙
팀장	실시 상황 및 체크 상황 점검, 이상 부분을 확인하고 판정 결과에 따라 수리를 요구할 것.
PM 담당	운전, 불량 상태를 점검하고 조치할 것.

매일 확실하게 실시하여 이상의 조기 발견에 힘쓸 것.

시기	No.	체크 항목	1	2	3	4	5	6	7	25	26	27	28	29	30	31
작업전기	1	각 부분의 슴동(슬라이딩)면, 톱니, 바퀴에 충분히 주유했는가.														
	2	급유 장치, 급유 상태는 좋은가. 기름이 오염되지 않았는가.														
	3	슴동면에 새로 손상된 부분은 없는가.														
운전중기	4	각 부분의 칩 청소를 했는가, 와이퍼는 좋은가.														
	5	기기의 먼지와 기름때를 닦았는가.														
	6	밸런스, 웨이트 관련 부위는 좋은가.														
	7	주축(또는 숫돌)에 흔들림·덜거덕거림은 없는가.														
	8	각부 기어박스에 이상·소음·진동은 없는가.														
	9	클러치 및 기동 장치 기능은 양호한가.														
	10	클램프 기능은 좋은가.														
정기	11	유압 장치는 양호한가. 작동 펌프의 작동은 좋은가.														
	12	누설 부위는 없는가(특히 현저한 것).														
	13	전장품은 정상적인 동작을 하는가.														
	14	안전 장치는 확실하게 작동하는가.														
	15	공작 정밀도는 무리 없이 공차 범위 안에 있는가.														
점검		팀장 체크	매주 1회 순회 체크													
		PM 담당자 체크	매달 1회 순회 체크													
		정비과 체크	매달 1회 순회 체크(PM 담당)													

그림 7-1 일상 보전 체크 시트의 예

설비의 상태에 따라 보전 시기를 결정하는 방법으로 정확하고 경제적인 설비 진단 기술과 감시 측정 장치가 필요하지만, 가장 효과적이다.

(2) 설비 보전 업무

설비 보전을 위해 실시하는 업무를 분류하면, 다음과 같다.

(a) 기술 관계

① 설비의 성능이나 고장 등의 분석, 개선 연구, 갱신 검토

② 검사, 정비, 수리 등의 기준이나 지도표 작성

③ 도면 관리

(b) 관리 관계

① 보전 작업의 계획과 현장에서의 지시 결과에 대한 기록이나 보고

② 보존 관련 예산의 편성과 통제

③ 설비 관련 외주 관리

(c) 작업 관계

① 일상 검사, 정기 검사, 검수 등의 검사 작업

② 급유, 청소, 조정, 수리 등의 정비 작업

③ 수리에 필요한 부품 등의 공작 작업

5 설비 관리 자료

설비 관리에 필요한 자료는 다음과 같다. 이러한 내용을 컴퓨터를 이용해 기록·보관할 수도 있다.

(1) 설비 배치도

공장 내 기계 설비의 설치 위치를 나타내는 평면도로, 배치를 변경할 때마다 정정해야 한다. 이 배치도는 설비 관리뿐만 아니라 공정 관리나 운반 관리 등의 면에서도 필요하다. 또한, 상·하수도, 가스 및 전기의 배관·배선 도면까지도 보전이라는 점에서 특히 정

확하게 제작해 둘 필요가 있다.

(2) 설비의 설명서·도면류

설비를 구입할 때 설명서와 도면은 점검·수리에 참고가 되므로 정리해서 보관해야 한다.

(3) 설비 대장

설비를 구입했을 때 그 내용을 적어 두는 장부로, 기계 대장의 경우는 기계명, 정리 번호, 성능, 제조 회사, 제조 연월일, 구입 연월일, 구입 가격, 부속품명, 설치 장소 등을 기입해 준다. 이것을 설비의 개선이나 갱신 등의 자료로 이용할 수 있다. 그림 7-2는 기계 대장의 일례이다.

(4) 기계 이력부

설비를 구입한 후의 사용 상황과 수리, 개조 등의 경과를 나타내는 장부로, 기계명, 정리 번호, 설치 장소, 설치 연월일, 불량 위치·일시, 수리·개조비, 수리 전후의 기계 정밀도 및 기타 필요 사항을 기입한다. 간단한 것은 그림 7-2에 나타낸 바와 같이 기계 대장의 뒷면에 기입한다.

7-2 치공구 관리

1 공구 관리란

(1) 치공구란

지그(jig)와 공구를 합친 말로 각종 제품을 만들 때 사용하는 공구를 통틀어 이른다. 각 용어가 가지는 내용은 다음과 같다.

(a) 지그

가공 작업에서 공작물을 고정하는 동시에 절삭 공구를 안내하는 보조구로, **지그 중**

에서 특히 공작물을 부착해 고정하는 목적에 이용하는 것을 설치구라고 한다. 이것으로 공작물에 대한 치수 기입(가공상 필요한 표시를 하는 일)이 필요 없어 작업이 단순화됨으로써 작업 시간을 단축할 수 있다. 또한, 조립이나 용접 작업 등에서 부품의 위치 결정이나 작업을 용이하게 하기 위한 목적으로도 이용된다.

재산 번호		설치 장소		명칭				보전 번호	
제조회사명	제조 번호	제조 연월일		구입 연월일	설치 연월일		도면 번호	관리 중요도	
		연　월　일		연　월　일	연　월　일			A　B　C	
납입자		구입 가격		설치 비용		경력			
사양				부속품		설치 연월일	설치 장소	설치 비용	
기 사									

날짜	공사 구분	수리 내용	물품비	노무비	도급비	합계
보전 번호		설치 장소	명칭		재산 번호	

|그림 7-2| 기계 대장

(b) 공구

공작에 쓰이는 도구를 말하며, 기계 공업을 예로 들어 용도별로 분류하면, 작업자가 직접 손으로 다루는 수공구(망치, 스패너, 드라이버 등), 가공 기계에 부착하여 사용하는 기계 공구, 치수 측정에 사용하는 측정기, 검사에 사용하는 검사구, 주조·단조·프레스용 금형에 사용하는 형공구(펀치, 다이스 등) 등이 있다. 아울러 기계 공구는 절삭 공구, 연삭 공구 등으로 나누어진다.

(2) 치공구 관리의 목적

치공구 관리의 목적은 생산 계획에 따라 생산에 최적인 치공구를 계획하여 표준화하고, 그 필요량을 현장의 요구에 맞게 대출할 수 있도록 정비·보관하여, 생산 진행을 원활하게 하는 것이다. 이 목적에 따른 치공구 관리의 내용은 다음과 같다.

① 특수 치공구의 연구와 설계 및 일반 치공구의 표준화

② 치공구의 필요 수량 조사

③ 치공구의 제작 및 조달

④ 치공구의 검사, 수선 및 적절한 사용 방법 지도

⑤ 치공구의 보관, 대출, 보충 등의 운영 및 합리화

⑥ 치공구 관련 장부의 정리 및 통계

2 표준화와 정리

(1) 치공구의 표준화

치공구 관리를 쉽게 하면서 효과를 높이기 위해서는 치공구의 형상·치수·재질 및 부품 등의 표준화를 꾀하는 것이 중요하다. 그러기 위해서는 일반적으로 사용되는 치공구는 가능한 한 단일화하고 KS 규격 또는 시판되는 표준품에 맞추면 품질이나 가격 또는 조달면에서도 유리하다.

(2) 치공구의 정리

치공구를 보관할 때는 재고 품목의 보관 장소를 즉시 알 수 있도록 분류·정리하고, 장부나 전표 등에 기입하여 현품과 기장의 수량이 항상 일치하도록 관리한다.

공구는, 지그를 포함해 적절한 방법으로 분류해 기호화하고, 정리 선반에 번지를 붙여

구분을 명확히 하여 보관한다. 분류에 사용되는 기호는 문자(알파벳, 한글 등)나 숫자 (0~9) 등이다. 또한 이들의 기호에서 I, O, Q, U는 1, 0, 2, V 등과 혼동하기 쉽기 때문에 특별한 경우 외에는 쓰지 않는다.

공구 정리에 필요한 장부에는 공구 대장, 공구 원부 등이 있다. 이들 대장은 공구의 명칭, 정리 번호, 치수, 재질, 기능, 가격, 입고량, 반출량, 주문량, 폐기량, 현재량 등을 기록하며 기계 대장에 준하여 만든다.

(3) 공구의 대출과 반납

(a) 대출의 종류

대출 기간에 따라 나누면 단기 대출과 장기 대출이 있으며, 대출을 받는 사람에 따라 나누면 개인 대출, 공동 대출, 책임자 대출이 있다.

(b) 대출 방법

공구의 대출과 반납에는 다음과 같은 방법이 있다.

(ⅰ) **표찰제** : 금속 또는 합성 수지제 표찰(꼬리표)에 작업원의 이름 또는 번호를 새기고 이 일정 매수를 나눠준 후 필요에 따라 그것과 교환하면서 1매당 1개를 대출하고 반납할 때는 그 공구와 교환하면서 표찰을 돌려주는 방법이다. 단식 표찰제와 복식 표찰제가 있다.

단식 표찰제는 표찰 1매에 대해 공구 1품을 빌려주며 표찰은 공구가 있던 곳에 걸거나 대출 공구판에 걸어 정리한다. **복식 표찰제**는 표찰 1매를 공구가 있던 곳에, 다른 1매를 작업원의 명찰이 부착된 곳에 걸어 정리한다.

(ⅱ) **차용표제** : 작업원이 공구를 공구실에서 차용할 때 공구명, 수량, 작업 장소, 작업원명 등을 기입한 차용표를 제출하는 제도로, 표찰제와 마찬가지로 단식과 복식이 있다. 또한, 공구를 장기 대출할 때는 공구명, 작업 장소, 작업명 외에도 대출 예정 기간, 대출 월일, 접수 월일 등을 기입한 것을 이용한다. 차용표는 작업 착수 전에 공구실에 배포해 대출 준비를 하는데, 이것이 작업을 시작할 때는 대출서가 되고 작업이 끝나 반납할 때는 반납서가 된다.

위에서 차용표제는 확실성이 있어서 향후의 참고 자료로 도움이 되지만, 취급에 다소 시간이 걸린다. 표찰제는 대출수가 많으면 불리해지므로 공구수가 적은 소공장이나 특수 공구 등에 이용하면 효과적이다. 또, 두 가지를 도입하여 단기 대출은 표찰제로 하고, 장기 대출에는 차용표제를 이용하는 방법도 있다.

3 컴퓨터 활용

치공구의 정리나 대출 및 반납 절차는 컴퓨터로 처리가 가능하므로 데이터를 기억 장치에 입력하여 기록·보관하면 치공구 관리에 유익할 수 있다.

제 **8** 장 ▶ # 품질관리

8-1 품질관리와 그 발자취

1 품질관리란

기업이 만들어내는 제품 또는 서비스의 **품질**(quality)이란, 그 제품이나 서비스가 사용 목적을 충족시키는 정도를 말하며, 소비자의 사용 목적에 대한 적합성(fitness for use)의 정도가 품질이다.

소비자의 요구에 맞는 품질을 목표로, 가장 경제적으로 제품을 만들어내는 활동이 **품질관리**(quality control : QC)이다.

2 품질관리의 발자취

공업 생산 초기에는 제품을 하나하나 검사하고 부적합품을 제거하는 것을 품질관리라고 불렀다. 그러나 제품이 정교해지고 다량으로 생산되면 개별 검사를 하기에는 많은 시간과 비용이 소요된다.

이 문제를 해결하기 위해 공업 제품의 품질관리에 통계적 개념을 도입하여, 제품군 중에서 그 일부를 꺼내 측정하고 제품군 전체의 품질을 판정했다. 그 결과 균일성 있는 제품을 합리적으로 생산할 수 있게 되었다. 이러한 관리 방법을 특히 **통계적 품질관리**(statistical quality control : SQC)라고 부른다.

초창기에는 품질관리가 직접 생산에 종사하는 부문의 일이라고 여겨졌으나 소비자에게 만족할 수 있는 품질의 제품을 더욱 싸고 더욱 빠르게 공급하여 품질관리 효과를 한층 높이기 위해서는, 제조 부문 이외의 각 부문을 포함한 기업 전체에 걸쳐 경영자를 비롯한 관리자부터 작업자에 이르는 전원의 참가와 협력이 필요하다. 이와 같은 품질관리 활동을 **종합적 품질관리**(total quality control : TQC)라고 불렀으나 QC 재구축, 경영·관리 중시, 국제화된 호칭에 따르려는 이유 등으로 TQC의 약칭을 TQM(total quality management)로 하여 C를 M으로 바꾸었다.

8-2 품질 특성값과 산포

1 품질 특성값이란

일반적으로 품질이 좋다는 것은 그 제품이 성능이 좋아 사용하기 쉽고, 수명이 길어 안정성이 있으며, 외관과 형태가 좋으며 보수가 용이한 점 등이 필요하다.

예를 들어 만년필의 경우는, 잉크 배출 방식, 펜 촉의 굵기와 경도, 파지성, 외관 등을 통해 품질이 어떠한가를 알 수 있다.

이와 같이, 품질의 가치를 정할 때 거론되는 성질과 성능을 **품질 특성**이라고 한다. 품질 특성을 측정하여 수치로 나타낸 것을 **품질 특성값**이라고 하며, 줄여서 **특성값** 또는 **측정값**이라고도 한다. 제품을 평가하거나 품질을 관리할 때는, 그 제품이 지닌 수많은 품질 특성 가운데, 사용 목적 등을 고려한 중요한 점을 선택하여 측정·판정한다.

2 품질 특성값의 산포

어떤 품질 특성값을 목표로 하여 실제로 생산을 시작했을 경우, 완성되는 제품의 성능과 형상에 반드시 똑같지 않은 것이 나오기 때문에 완전히 동일하게 만든다는 것은 어렵다. 이 불규칙한 것을 **산포**라고 부르며, 산포가 생기는 원인은 제품의 제조가 항상 원재료, 설비, 작업자 등 여러 가지 요인에 의해 영향을 받기 때문이다.

산포의 범위는 목표로 하는 품질에 대해 작은 것이 좋지만, 작게 만들수록 비용이 들고, 또 산포를 극단적으로 줄여서 품질을 높이더라도 반드시 그에 따른 시장가치가 올라간다고 할 수는 없다. 따라서 제품의 제조자는 기술적, 경제적인 면을 고려하여 산포의 범위를 결정해야만 한다. 기업에서는 이 품질의 산포 범위를 **규격 한계** 또는 **사양 한계**로 정하고 있다.

1 데이터와 통계적 방법

(1) 데이터란

데이터란 자료, 정보 혹은 측정값 등을 의미한다. 예를 들어 표 8-1 (a)은 수치의 집합을 나타내지만, 이것이 품질관리를 위해 어떤 물품의 치수 또는 중량 등을 측정한 품질특성값을 나타낸다고 하면 이 수치들은 데이터로 취급된다.

|표 8-1| 데이터와 그 정리

(a) 데이터의 예

57	18	27	56	61
64	66	62	63	48
54	51	82	71	33
45	57	82	45	53
34	42	61	52	58
43	74	65	58	47
49	49	55	69	28
78	56	69	36	67
21	76	14	56	57
66	53	35	43	62

(b) 데이터의 구분

조	도수 마크	도수
0~9		0
10~19	//	2
20~29	///	3
30~39	////	4
40~49	̶/̶/̶/̶/̶ ̶/̶/̶/̶/̶	10
50~59	̶/̶/̶/̶/̶ ̶/̶/̶/̶/̶ ////	14
60~69	̶/̶/̶/̶/̶ ̶/̶/̶/̶/̶ //	12
70~79	////	4
80~89	/	1
90~99		0
합계		50

품질관리 업무를 효과적으로 추진하려면 이러한 품질특성을 나타내는 데이터가 필요하며, 이러한 데이터를 해석하여 비교, 검토, 판단을 한 후 조치를 취하게 된다.

이 경우, 데이터를 모으고 이것을 정리하여 올바른 판단을 할 때에 필요한 기법으로서 다음에 나타내는 통계적 방법이 이용된다.

(2) 통계적 방법이란

표 8-1 (a)와 같은 데이터가 있을 때, 이 수치의 집합이 어떤 성질을 지니고 있는지를 대략 살펴봐도, 기껏해야 최댓값이 82이고, 최솟값이 14 정도라는 것밖에는 알 수가 없다.

표 (b)에 나타낸 것처럼, 표 (a)의 수치를 10마다 구분하여 그 각 조에 들어가는 수치의 개수(이를 도수라고 한다)를 사선 마크로 정리하면, 그 수치는 10대에서 80대 사이에 있으며, 데이터가 50대를 정점으로 하는 산 모양으로 존재한다는 것을 알 수 있다.

이와 같이 데이터를 통해 그 데이터가 어떤 특징을 나타내고 있는지를 알려고 하는 것이 통계이며, 이 통계의 개념을 토대로 하여, 데이터를 어떻게 정리하고, 그것을 어떤 도식과 수식으로 나타낼 것인가, 또한 그것을 어떻게 읽을 것인가 등의 해답을 구하는 기법이 **통계적 방법**이다.

2 모집단과 샘플

데이터를 모아 조사할 때, 그 조사·연구의 대상이 되는 재료, 부품과 제품 등의 특성을 갖는 공정이나 로트 등의 전체 집단을 모집단이라고 한다.

이 모집단에서 그 특성을 조사할 목적으로 추출하는 데이터를 **샘플**(sample) 또는 **시료**, **표본**이라고 부른다. 모집단과 샘플의 관계는 그림 8-1과 같이 도시한다.

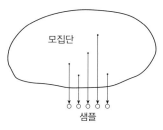

|그림 8-1| 모집단과 샘플

예를 들어 어떤 조건하에 생산된 5000개의 전구가 있을 때, 이 중에서 품질 특성을 알아보기 위해 100개를 추출했을 경우, 5000개의 전구 집단은 모집단이 되고, 5000개를 **모집단의 크기**라고 한다. 또, 데이터로 추출된 100개의 전구 집단은 샘플이며, 100개를 **샘플의 크기**라고 한다.

제품, 부품, 원재료 등의 모집단에서 샘플을 뽑아내 데이터를 모으는 것을 샘플링(sampling), **표본 추출**, **시료 채취** 등이라고 한다. 샘플링은 모집단의 특성을 바르게 대표하도록 실시해야 하며, 그 기본적인 기법에 **랜덤 샘플링**(random sampling)이 있다. **랜덤**이란 무작위라고도 하며, 일정한 규칙이나 사람의 생각·감정 혹은 습관 등이 개입되지 않고, 우연에 맡기는 것을 말한다.

랜덤 샘플링을 실시하려면 모집단의 어떤 부분에나 동일한 확률로 공평하게 추출되도록 해야 하는데, 예를 들어 너트처럼 작은 부품인 경우에는 용기에 넣어 충분히 섞은 후에, 필요한 개수만큼 샘플링을 하면 된다. 일반적으로는 0부터 9까지의 숫자를 각각 동률로 할당한 난수표나 난수 주사위 등을 이용하여 번호를 붙인 물품에서 난수가 표시하는 숫자의 물품을 샘플링한다.

3 정리 방법의 기본

모아진 데이터를 정리하기 위한 통계적 방법에는 다음과 같이 도식화하여 구하는 방법과 수식화하여 구하는 방법이 있다.

(1) 데이터의 도식화

(a) 특성 요인도

제품의 품질 특성이 어떤 요인(중요한 원인)의 영향을 받는지, 그 관계를 일목요연하게 나타낸 그림을 **특성 요인도**(cause and effect diagram)라고 부른다. 그림 8-2와 같이 형태가 생선뼈를 닮은 점에서 **피시본 다이어그램**(fishbone diagram)이라고도 불린다.

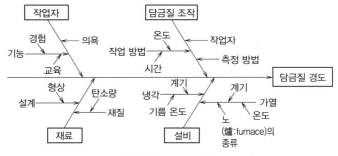

|그림 8-2| 특성 요인도

특성 요인은 문제점을 정리하거나 원인을 생각하여 개선할 때, 브레인스토밍 등을 실시해 많은 사람들의 의견을 그림 8-2에 정리하여 나타낼 수 있다.

(b) 파레토 차트

어떤 다수의 집단을 각각 특징 있는 부분으로 나누었을 때, 그 나눈 부분 집단을 **층**이라고 한다. 예를 들어, 어떤 제품을 만들 때, 그 원료를 A, B, C의 각사가 납입했다고 하면 A사의 제품군, B사의 제품군, C사의 제품군, C사의 제품군은 각각 '층을 구성한다'고 한다. 공정과 관련해서는, 원재료 외에 기계별, 작업자별, 시간별 등을 특징으로 하며 층을 만들 수 있다. 이런 특징을 달리하는 몇 개의 집단이 섞여 있을 경우, 그 중에서 동일한 특징을 나타내는 층으로 나누는 것을 층별이라고 한다.

공장에서 발생하는 제품의 부적합이나 결점, 기계 고장, 재해의 내용, 재고품의 용도 등을 그 내용과 발생 원인별로 층별하고, 이를 그림 8-3과 같이 건수와 금액별의 크기순으로 나열해 막대그래프를 그리고, 거기에 차례로 이들을 더한 값을 꺾은선 그래프로 그린 것이 **파레토 차트**(Pareto chart)이다. 또한 이 그림 안에서 특히 꺾은선 부분을 **파레토 곡선**이라고 한다. 이 파레토 차트를 통해 다음과 같은 것을 알 수 있다.

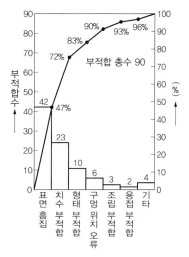

|그림 8-3| 파레토 차트

① 부적합이나 오류가 전체적으로 얼마나 있는가.
② 어떤 부적합이 가장 크며, 어떤 순서로 되어 있는가.
③ 어떤 것과 어떤 부적합을 줄이면 전체적으로 부적합 비율을 낮출 수 있는가.

이것을 이용해 개선 개량의 중점을 올바르게 판단하여 능률적인 중점 관리를 실시할 수 있다.

(c) 히스토그램

데이터가 많은 경우, 그 데이터의 가장 작은 값부터 가장 큰 값까지의 범위를 몇 개의 구간(조)으로 나누고 각 구간에 들어가는 데이터가 반복되어 나타나는 도수를 표 8-1(b)와 같이 차례로 나열한 것을 **도수 분포**라고 하며, 그 분포 상태를 기둥의 높이로 나타낸 그림을 **히스토그램**(histogram) 또는 **주상도**라고 한다.

표 8-2와 같이 100개의 측정값이 얻어진 것을 가지고 히스토그램을 만드는 순서를 나타내면 다음과 같다.

① 조(구간)의 수는 일반적으로는 측정값 수의 제곱근을 기준으로 삼아, 5~20 정도로 잡는다. 즉, 측정값은 100이므로 $\sqrt{100}$ = 10이고, 조의 수는 10으로 한다.
② 조의 폭은, 데이터의 최댓값과 최솟값의 차를 조의 수로 나눈 근삿값으로 한다. 즉, 최댓값, 최솟값이 각각 2.38, 2.12이므로 (2.38-2.12)÷10=0.026인데, 각 측정값의 최솟값이 0.01이므로 0.026을 반올림해서 0.03으로 한다.
③ 조의 경곗값은 데이터 단위의 1/2, 즉 0.01x1/2=0.005를 이용한다.

|표 8-2| 조를 나눈 측정값

샘플 그룹 번호	1	2	3	4	5	6	7	8	9	10
01	2.13	○2.19	2.18	△2.17	2.20	△2.19	2.23	△2.21	2.24	2.31
02	△2.12	△2.13	2.19	2.18	2.21	2.23	2.22	2.24	2.27	2.33
03	2.14	2.17	△2.17	2.21	2.20	2.22	○2.25	2.24	2.26	2.29
04	2.13	2.14	2.18	2.20	△2.19	2.19	2.25	2.25	△2.23	2.30
05	2.15	2.15	2.20	2.19	2.22	2.23	2.24	2.22	2.27	2.28
06	2.17	2.17	○2.22	○2.22	○2.23	○2.25	2.25	2.26	○2.29	△2.26
07	2.15	2.16	2.18	2.21	2.22	2.22	△2.20	2.23	2.26	2.37
08	○2.20	2.17	2.20	2.20	2.20	2.24	2.24	2.27	2.29	○2.38
09	2.18	2.16	2.21	2.20	2.23	2.22	2.22	○2.28	2.28	2.30
10	2.19	2.17	2.22	2.22	2.21	2.24	2.23	2.26	2.27	2.32
최댓값	2.20	2.19	2.22	2.22	2.23	2.25	2.25	2.28	2.29	◎2.38
최솟값	2.12	2.13	2.17	2.17	2.19	2.19	2.20	2.21	2.23	2.26

④ 제1조의 구간은 조의 폭이 0.03이고, 조의 중심이 2.12이므로 그 상하에 ±0.015를 하면 2.105~2.135가 된다. 나머지도 마찬가지로 제10조까지 구분하고, 각 구간에 들어가는 데이터의 도수를 도수 마크를 기입해 조사하면, 표 8-3과 같은 도수 분포표가 만들어진다.

⑤ 표 8-3에 나타낸 데이터에서 가로축에는 각 구간을, 세로축에는 도수를 잡아 **히스토그램**을 만들면, 그림 8-4와 같다.

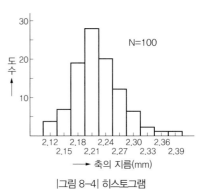

|그림 8-4| 히스토그램

|표 8-3| 도수 분포표

No	조(구간)	조의 중심	도수 마크	도수
01	2.105~2.135	2.120	///	004
02	2.135~2.165	2.150	卌 //	007
03	2.165~2.195	2.180	卌 卌 卌 ///	019
04	2.195~2.225	2.210	卌 卌 卌 卌 卌 ///	028
05	2.225~2.255	2.240	卌 卌 卌 卌	020
06	2.255~2.285	2.270	卌 卌 //	012
07	2.285~2.315	2.300	卌 /	006
08	2.315~2.345	2.330	//	002
09	2.345~2.375	2.360	/	001
10	2.375~2.405	2.390	/	001
합계				100

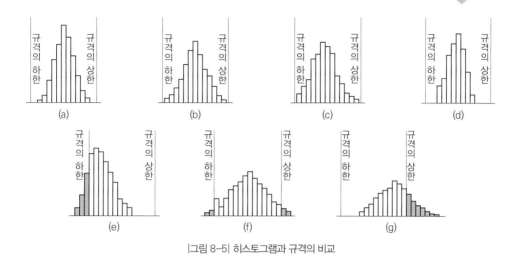

|그림 8-5| 히스토그램과 규격의 비교

히스토그램에 규격 값을 기입하고 비교하면, 그림 8-5와 같이 제조 공정의 능력이나 규격값의 적합 여부 등을 조사할 수 있다. 그림에서 (a)~(d)는 규격을 충족하는 경우, (e)~(g)는 충족하지 않는 경우의 예이며 (a)가 가장 바람직한 상태를 나타내고 있다. (b), (c)는 좀 더 공정 능력을 향상시킬 필요가 있으며, (d)는 규격의 폭을 좁혀서 품질 향상을 꾀하거나, 규격에 맞추어 관리의 정도를 다소 완화해서 비용의 인하를 고려한다. (e)는 평균값을 규격의 중심에 가깝게 가져갈 필요가 있다. (f)는 산포가 심하기 때문에 공정을 개선하거나 규격을 완화한다. (g)는 공정 능력을 전면적으로 개선할 필요가 있다.

(2) 데이터의 수식화

그림 8-5와 같이 히스토그램의 각 분포 상태를 비교하려면, 그 중심 위치와 산포 폭의 두 가지 특징을 보면 좋다. 즉, 각 집단이 같은 특성을 가지고 있는지 알고 싶을 때는, 추출한 데이터를 중심 위치와 산포로 수식화해서 나타내고, 구한 수치를 비교하면 된다.

(a) 중심 위치

중심 위치로는 일반적으로 이용되는 평균값 외에 메디안, 모드 등이 있다.

(i) **평균값** : 데이터의 모든 합을 그 데이터의 수로 나눈 값을 **평균값**이라고 하며, 일반적으로 $\bar{x}$(엑스 바라고 읽음)로 나타낸다.

물건 5개의 무게를 쟀더니 18.7g, 20.3g, 19.4g, 18.0g, 19.7g이었다고 하면, 이 물건 5개의 무게의 평균값은

$$\frac{1}{5}(18.7+20.3+19.4+18.0+19.7) = \frac{96.1}{5} = 19.22$$

로 구해진다. 이를 기호화하여 n개의 샘플 $x_1, x_2, \cdots, x_n$이 있을 때, 그 평균값은 다음 식으로 나타낼 수 있다.

$$\bar{x} = \frac{1}{n}(x_1+x_2+\cdots+x_n) \qquad (8 \cdot 1)$$

(ii) **메디안(중앙값)** : n개의 데이터를 크기순으로 배열했을 때, n이 홀수일 때는 정중앙에 있는 하나의 값을 **메디안**(median) 또는 **중앙값**이라고 부르고, $\tilde{x}$(엑스 물결 모양 또는 메디안 엑스라고 읽음)로 나타낸다. n이 짝수일 때는 중앙에 있는 두 값의 산술 평균을 구하면 된다.

(i)항의 예에서 물건 5개의 무게를 가벼운 쪽부터 순서대로 다시 나열하면, 18.0, 18.7, 19.4, 19.7, 20.3이 되고, 이 경우 중앙에 있는 수치가 19.4이므로, $\tilde{x}$=19.4가 된다. 만약 데이터의 수가 18.0, 18.7, 19.1, 19.7, 20.1, 20.5와 같이 짝수일 때는 3번째와 4번째를 평균해서 다음과 같이 구한다.

$$\tilde{x}=(19.1+19.7)\div2=19.4$$

(iii) **모드** : 데이터 중에서 출현하는 도수가 가장 많은 값을 모드(mode) 또는 **최빈값**이라고 하며, M_0로 나타낸다.

그림 8-4에 나타낸 히스토그램의 각 대푯값은 2.12, 2.15, 2.18, 2.21, 2.24, 2.27, 2.30, 2.33, 2.36, 2.39인데 이 중 가장 도수가 많은 조의 대푯값은 2.21이므로 M_0=2.21이다.

(b) 산포도를 나타내는 방법

산포도는 **표준편차**와 **범위**로 나타낸다.

(ⅰ) **편차와 제곱합** : 샘플의 각 측정값과 평균값의 차, 즉 $x_i - \bar{x}(i=1, 2, \cdots)$를 **편차**라고 한다. 이 경우, 한 무리의 각 편차를 그대로 합산하면, 그 답은 0이 된다. 예를 들어 2, 5, 3, 6의 네 숫자가 있다고 하면 이 평균값은 $(2+5+3+6)/4=4$이므로 각 숫자의 편차는 $2-4=-2, 5-4=1, 3-4=-1, 6-4=2$이고, 이들 편차의 합계는 $-2+1-1+2=0$이다. 합계가 0이 되면 그 평균값도 0이 되고, 0은 값으로 표시할 수 없다. 따라서 각 편차를 제곱해서 그것의 합계를 구하는 것으로 하면 다음과 같이 된다.

$$S=(x_1-\bar{x})^2+(x_2-\bar{x})^2+\cdots\cdots+(x_n-\bar{x})^2 \qquad (8 \cdot 2)$$

위 식의 S를 **제곱합** 또는 편차 **제곱합**이라고 부른다.

(ⅱ) **분산, 불편분산** : 제곱합 S는 편차의 제곱을 합계한 것이므로 이것을 원래대로 돌려 각각의 단위량으로 만들기 위해서는 n으로 나눠 주어야 한다.
즉, S/n을 **분산**이라고 하며, 그 기호는 샘플을 취급하는 경우는 s^2(모집단일 경우는 σ^2)으로 나타낸다. 또, S를 $(n-1)$로 나눈 것을 **불편분산**이라고 하며, 그 기호는 **V**로 나타낸다.

(ⅲ) **표준편차** : 분산 또는 불편분산은 제곱의 단위이므로, 이 제곱근을 구해서 일반적인 수치로 만든 것을 **표준편차**라고 하며, 기호는 s로 나타낸다. 이 값으로 데이터의 산포도를 나타낼 수 있다. 즉, $s=\sqrt{s^2}=\sqrt{\dfrac{S}{n}}$ 로 구할 수 있는데 일반적으로 n값이 작을 때는 S값이 작아지는 성질을 가지고 있기 때문에 그 경우에는 불편분산을 사용하여 다음의 식으로 구한다.

$$s=\sqrt{V}=\sqrt{\dfrac{S}{n-1}} \qquad (8 \cdot 3)$$

(ⅳ) **범위(레인지 range : R)** : 데이터 한 조안에 있는 최댓값과 최솟값의 차를 말하며, 다음 식으로 나타낸다.

$$범위\ R = 최댓값 - 최솟값 \qquad (8 \cdot 4)$$

샘플 측정값 18.0, 18.7, 19.1, 19.7, 20.1, 20.5의 범위 R은 최댓값이 20.5, 최솟값이 18.0이므로 다음과 같이 된다.

$$R = 20.5 - 18.0 = 2.5$$

범위를 이용한 산포도 표시 방식은 계산이 간단해서 이용하기 쉽지만, 측정값의 수가 많아지면 척도로서의 정확도가 나빠지기 때문에 보통은 데이터의 수가 10 이하일 때 이용한다.

[예제 8-1]

5개의 데이터(25.1, 23.1, 24.8, 22.1, 23.7)에서 평균값 $\bar{x}$, 메디안 $\tilde{x}$, 범위 R, 제곱합 S, 불편분산 V, 표준편차 s를 구하시오.

[풀이]

① 평균값 $\bar{x}$ 는 식 (8 · 1)에 의해 다음과 같이 된다.

$$\bar{x} = \frac{1}{n}(x_1 + x_2 + \cdots\cdots + x_n) = \frac{1}{5}(25.1 + 23.1 + 24.8 + 22.1 + 23.7)$$

$$= \frac{118.8}{5} = 23.76$$

② 메디안 $\tilde{x}$ 는 측정값의 중앙값이므로 $\bar{x} = 23.7$이다.

③ 범위 R은 식 (8 · 4)에 의해 다음과 같이 된다.

$$R = 최댓값 - 최솟값 = 25.1 - 22.1 = 3.0$$

④ 제곱합 S는 식 (8 · 2)에 의해 다음과 같이 된다.

$$S = (x_1 - \bar{x})^2 + (x_2 - \bar{x})^2 + \cdots\cdots + (x_n - \bar{x})^2$$

$$= (25.1 - 23.76)^2 + (23.1 - 23.76)^2 + (24.8 - 23.76)^2 + (22.1 - 23.76)^2 + (23.7 - 23.76)^2$$

$$= 6.072$$

⑤ 불편분산 V, 표준편차 s는 식 (8 · 3)에 의해 다음과 같이 된다.

$$s = \sqrt{V} = \sqrt{\frac{S}{n-1}} = \sqrt{\frac{6.702}{5-1}} = \sqrt{1.6755} = 1.294$$

위 식에서의 $s = \sqrt{V} = \sqrt{1.6755}$ 이므로 $V = 1.67551$이다.

4 정규분포

그림 8-4에 나타낸 히스토그램에서 측정값 x의 값을 더 많이 잡아 각 조의 폭을 줄이고, 그 수를 늘려 가면 히스토그램의 각 기둥 꼭대기의 연결 부위는 그림 8-6과 같은 연속된 곡선에 가까워진다. 이 연속 곡선을 **정규분포 곡선**이라고 하며, 이러한 분포를 **정규분포**라고 부르고, 다음 식으로 나타낼 수 있다.

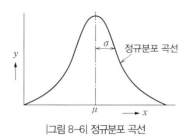

|그림 8-6| 정규분포 곡선

$$y = \frac{1}{\sigma\sqrt{2\pi}}\ e^{-\frac{1}{2}\left(\frac{x-\mu}{\sigma}\right)^2} \ (-\infty \langle x \langle \infty) \qquad (8 \cdot 5)$$

여기서 e는 자연 로그의 밑이며, $e=2.718$, σ(시그마)는 모표준편차(모는 모집단이라는 뜻), μ(뮤)는 모평균, ∞은 무한대를 나타낸다.

이 식은 언뜻 보면 복잡한 듯하지만, 그 구성을 살펴보면 상수인 π와 e 및 측정값의 변수 x를 제외하면, 분포의 중심을 나타내는 μ와 산포폭을 나타내는 μ의 값으로 되어 있다. 따라서 정규분포의 형태는 μ와 σ에 의해 정해진다는 것을 알 수 있다. 이 μ, σ와 측정값 x의 관계식을 만들기 위해 분포의 가로축 x의 단위를 표준편차 σ의 단위로 바꾸고, k를 σ의 배수라고 생각하면, 다음과 같은 식이 구해진다.

$$k = \frac{(측정값-평균값)의\ 절대값}{표준편차} = \frac{|x-\mu|}{\sigma} \qquad (8 \cdot 6)$$

식 (8 · 6)을 또 다시 변형하면 다음 식이 구해진다.

$$x = \mu + k \cdot \sigma \qquad (8 \cdot 7)$$

k	P
0.5	0.3080
1.0	0.1587
1.5	0.0668
2.0	0.0228
2.5	0.0062
3.0	0.0013

|표 8-4| 정규분포표

이들 식에서 알 수 있듯이 x의 위치는 분포의 중심 μ에서 σ의 k배 부분에 있음을 나타낸다.

이상의 관계에서 그림 8-7과 같이 정규분포 곡선에서 그 곡선과 x좌표 간의 전체 면적에 대한 사선부 면적이 차지하는 비율 P는 미리 k와의 관계를 산출한 정규분포표 (표 8-4)의 수치로 구할 수 있다.

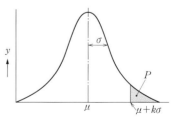

|그림 8-7| 정규분포 내 면적의 비율

그림 8-8과 같이, 규격값 51.0±3.0의 제조 공정에서 생산되는 제품이 평균값 50.0, 표준편차 2.0의 정규분포를 나타낼 때 발생되는 부적합품수의 비율, 즉 부적합품률 P (부적합품수/제품수)를 구해 보겠다.

상한 규격값(51.0+3.0=54.0)을 넘는 것은
식 (8 · 6)에서

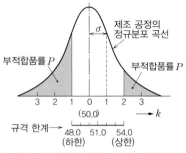

|그림 8-8| 부적합품률을 나타내는 정규분포

$$k = \frac{|x - \mu|}{\sigma} = \frac{|54 - 50|}{2} = 2.0 \Rightarrow \text{표 8-4에서 } P = 0.0228$$

하한 규격값(51.0−3.0=48.0)을 넘는 것은

$$k = \frac{|x - \mu|}{\sigma} = \frac{|48 - 50|}{2} = 1.0 \Rightarrow P = 0.1587$$

따라서 규격을 넘는 부적합품률은 다음에 나타내는 값이 된다.

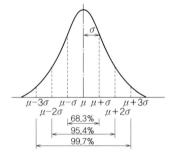

|그림 8-9| 정규분포와 σ단위 구분의 비율

$$0.0228 + 0.1587 = 0.1815 ≒ 18\%$$

식 (8-7)에서, σ의 배수 k의 값을 그림 8-9와 같이 ±1, ±2, ±3으로 잡고, 각 $k \cdot \sigma$에서 밖으로 나가는 비율(그림에서는 면적)을 Pk로 하면 좌우는 2Pk, 분포 곡선 내 전체 면적을 1로 하면, ±$k \cdot \sigma$ 안에 있는 면적은 (1−2Pk)로 나타나므로 데이터 x가 μ를 중심으로 하여 ±σ, ±2σ, ±3σ의 각 범위에 들어가는 비율을 구하면, 표 8-4에 의해 다음과 같이 된다.

❶ $\mu \pm \sigma$의 범위에 속하는 비율

$$P1 = 0.1587에서, \ 1 - (2 \times 0.1587) ≒ 68.3\%$$

❷ $\mu \pm 2\sigma$의 범위에 속하는 비율

$$P2 = 0.0228에서, \ 1 - (2 \times 0.0228) ≒ 95.4\%$$

❸ $\mu \pm 3\sigma$의 범위에 속하는 비율

$$P3 = 0.0013에서, \ 1 - (2 \times 0.0013) ≒ 99.7\%$$

따라서 ③의 경우는 평균값 μ에서 ±3σ의 범위(μ−3σ와 μ+3σ의 사이)에 측정값의 대부

분이 포함되어 있음을 나타낸다. 이를 3σ한계라고 하며, 다음 항에서 서술하는 각종 관리도를 비롯해 각종 통계 기법으로서 타당한 **관리 한계**를 정하는 기초적인 개념으로 이용되고 있다.

8-4 관리도

1 관리도란 (KS Q ISO 7870-5:2014 참조)

관리도(control chart)란 생산 공정이 안정된 상태에 있는지를 조사하거나 또는 공정이 안정된 상태를 유지해 가기 위해서 이용되는 그림이다.

관리도는 그림 8-10와 같이, 통계량의 평균값을 나타내는 중심선과 그 위아래에 관리 한계를 나타내는 한 쌍의 선(관리 상한선, 관리 하한선)을 그어 놓고, 여기에 측정을 통해 구한 제품에 대한 품질 특성의 시간적 변화를 점으로 표시하고 그것을 연결하는 선으로 나타낸 것이다. 이러한 점이 그림(a)와 같이 관리 한계 내에 있으면서 배열 형태에 어떤 특정한 경향이 없을 때는 그 생산 공정이 안정되어 있다고 판정할 수 있다. 그러나 (b)와 같이 점에 밖으로 나가거나 배열에 어떤 특정한 경향이 나타난 경우에는 불안정한 상태에 있다고 판정하고, 그 원인을 찾아 제거해야 한다. 일반적으로 관리 한계선의 중심으로부터의 위치는 전항의 정규분포에서 제시한 3σ 한계를 잡고, 데이터에서 구한 표준편차의 3배에 해당하는 폭에 선을 긋는다.

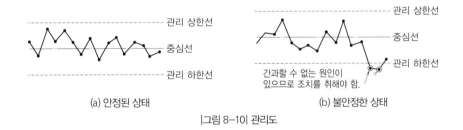

(a) 안정된 상태   (b) 불안정한 상태

|그림 8-10| 관리도

2 관리도의 종류

관리도는 품질 특성의 종류에 따라 계량값의 관리도와 계수값의 관리도로 나누어진다.

계량값이란 길이, 무게, 시간, 강도, 소비량 등과 같이 연속량으로 측정되는 품질 특성값을 말한다. 계량값의 관리도에는 주로 $\bar{x}-R$ 관리도(Shewhart control chart)가 이용 된다.

계수값이란 부적합품의 수나 부적합수 등과 같이 개수를 세어서 구하는 불연속수(정수)를 말한다. 계수값의 관리도에는 p관리도, np관리도, c관리도, u관리도 등이 이용된다.

3 관리도를 만드는 방법

(1) $\bar{x}-R$ 관리도(슈하트 관리도)

$\bar{x}-R$ 관리도를 만들 때는 다음 순서에 따르면 된다.

순서 1 데이터를 모은다.

생산관리에서 중요하다고 생각되는 품질 특성을 측정 시간, 모집단(로트), 기계별, 가능하면 공정별 등을 층별로 하여 수집한다.

순서 2 데이터를 정리한다.

데이터를 4~5개 정도씩 나누어 약 20~25조를 잡아 측정하고 표 8-5와 같이 데이터 시트에 기입한다.

순서 3 평균값 $\bar{x}$ 계산

각 조마다 샘플의 합을 계산하고, 이것을 샘플의 크기 n으로 나눠 $\bar{x}$를 구한다. 데이터 시트에서 제1조 평균값은 다음과 같이 된다.

$\bar{x} = (34.32+34.49+34.30+34.43+34.40)/5 = 171.94/5 = 34.388$

순서 4 범위 R 계산

$R = (최댓값) - (최솟값) = 34.49 - 34.30 = 0.19$

순서 5 점 기입

순서 3에서 구한 $\bar{x}$의 값과 순서 4에서 구한 R의 값을 나타내는 점을 각각 관리 용지에 기입한다.

$\bar{x} - R$ 관리도 데이터 시트

제품 명칭	축	제조 명령 번호	A-385	기간	시작 3월 9일
품질 특성	외경	작업장	PM		종료 5월 15일
측정 단위	0.01 mm	기준 일생산량	700	기계 번호	L-35
규격 한계	최대	샘플	크기	5	작업원	홍길동
	최소		간격	매시	검사원 성명인	임꺽정
규격 번호	AR-320	측정기 번호	No.5		

일시	조 번호	측정값					계 Σx	평균값 $\bar{x}$	범위 R	적요
		x_1	x_2	x_3	x_4	x_5				
3-9	1	34.32	34.49	34.30	34.43	34.40	171.94	34.388	0.19	
10	2	34.37	34.46	34.33	34.36	34.25	171.77	34.354	0.21	
11	3	34.39	34.44	34.37	34.28	34.42	171.90	34.380	0.16	
12	4	34.39	34.38	34.31	34.32	34.37	171.77	34.354	0.08	
14	5	34.36	34.34	34.27	34.25	34.35	171.57	34.314	0.11	
15	6	34.38	34.32	34.47	34.51	34.41	172.09	34.418	0.19	
16	7	34.36	34.45	34.42	34.33	34.39	171.95	34.390	0.12	
4-9	8	34.45	34.35	34.37	34.38	34.32	171.87	34.374	0.13	
10	9	34.40	34.32	34.46	34.35	34.41	171.94	34.388	0.14	
11	10	34.31	34.35	34.43	34.37	34.28	171.74	34.348	0.15	
12	11	34.24	34.41	34.37	34.44	34.38	171.84	34.368	0.20	
14	12	34.32	34.45	34.40	34.35	34.31	171.83	34.366	0.14	
15	13	34.33	34.40	34.53	34.37	34.42	172.05	34.410	0.20	
16	14	34.35	34.45	34.33	34.38	34.40	171.91	34.382	0.12	
5-9	15	34.38	34.28	34.32	34.43	34.37	171.78	34.356	0.15	
10	16	34.30	34.38	34.34	34.41	34.33	171.76	34.352	0.11	
11	17	34.42	34.45	34.38	34.32	34.36	171.93	34.386	0.13	
12	18	34.40	34.44	34.36	34.30	34.37	171.87	34.374	0.14	
14	19	34.35	34.38	34.45	34.37	34.41	171.96	34.392	0.10	
15	20	34.32	34.39	34.37	34.41	34.35	171.84	34.368	0.09	
	21									
	22									
	23									
	24									
	25									
	26									
	27									
	28									
	29									
	30									

$\bar{\bar{x}}$ 관리도	R 관리도	계	687.462	2.86	
UCL $= \bar{\bar{x}} + A_2\bar{R} = 34.456$	UCL $= D_4\bar{R} = 0.302$	$\bar{\bar{x}} = 34.373$	$\bar{R} = 0.143$		
LCL $= \bar{\bar{x}}\ \ A_2\bar{R} = 34.290$	LCL $= D_3\bar{R} = ——$	n	A_2	D_4	D_3
		4	0.729	2.282	—
		5	0.577	2.114	—

기사

|그림 8-11| $\bar{x} - R$ 관리도 데이터 시트의 예

총평균 $\bar{\bar{x}}$ 계산

각 조의 $\bar{x}$의 총계를 계산하고, 이것을 조의 개수로 나누어 $\bar{\bar{x}}$(엑스 바바라고 읽음)를 구한다.

$\bar{\bar{x}} = 687.462 / 20 = 34.373$

R의 평균값 $\bar{R}$ 계산

각 조의 R 총계를 계산하고, 이것을 조의 개수로 나누어 $\bar{R}$(알바라고 읽음)를 구한다.

$\bar{R} = 2.86 / 20 = 0.143$

관리선을 구한다

각 관리선은 3σ 한계의 개념을 토대로 정해진 표 8–5의 계수를 이용해 다음 공식으로 계산한다(이 예에서는 $n = 5$이므로 $A_2 = 0.58$, $D_4 = 2.11$).

평균값 $\bar{x}$의 관리도

중심선(CL[*11]) $= \bar{\bar{x}} = 34.373$

관리 상한(UCL[*12]) $\bar{\bar{x}} + A_2\bar{R} = 34.373 + 0.577 \times 0.143 = 34.456$

관리 하한(LCL[*13]) $\bar{\bar{x}} - A_2\bar{R} = 34.373 - 0.577 \times 0.143 = 34.290$

범위 R의 관리도

중심선(CL) $= \bar{R} = 0.143$

관리 상한(UCL) $= D_4\bar{R} = 2.114 \times 0.143 = 0.302$

관리 하한(LCL) $= D_3\bar{R}$ ……생각하지 않는다.

|표 8–5| $\bar{x}$—R 관리도의 계수표

샘플 크기 n	$\bar{x}$ 관리도	R 관리도	
	A_2	D_3	D_4
2	1.880	—	3.267
3	1.023	—	2.574

[*11] CL : center line

[*12] UCL : upper control limit

[*13] LCL : lower control limit

샘플 크기	$\bar{x}$ 관리도	R 관리도	
n	A_2	D_3	D_4
4	0.729	—	2.282
5	0.577	—	2.114
6	0.483	—	2.004
7	0.419	0.076	1.924
8	0.373	0.136	1.864
9	0.337	0.184	1.816
10	0.308	0.223	1.777

[주] D_3란의 '—'은, 아래 방향의 관리 한계를 생각하지 않는 것을 나타낸다.

순서 9 관리선 기입

$\bar{x}$ 및 $\bar{R}$의 값을 각각 옆에 실선으로 기입하고, 그 위아래에 UCL과 LCL의 값을 각각 파선으로 기입한다.

순서 10 관리 이탈 기호 기입

점이 관리 한계선 상에 있거나 한계선 밖으로 나왔을 때는 ⊙과 같이 점에 ○을 붙여서 표시한다. 이 경우에는 그 원인을 조사하여 재발하지 않도록 조치하고 관리선을 다시 계산한다.

이상과 같은 순서로 그리면 그림 8–12와 같은 $\bar{x}$—R 관리도를 만들 수 있다.

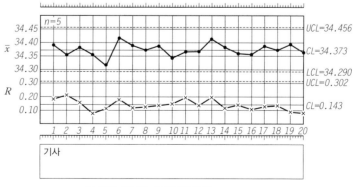

|그림 8–12| $\bar{x}$—R 관리도의 예

(2) p 관리도(부적합률 관리도)

100개의 제품을 측정하여 그 중 5개의 부적합품이 있을 때, 부적합률은 $p = 5/100$ 또는 $0.05 \times 100 = 5\%\%$(부적합품률)로 나타낸다.

부적합품률 p로 관리하는 **p 관리도**(산업 현장에서는 과거로부터 통용되었던 '불량률 관리도'라는 용어도 편의상 사용하나 표준은 아님 : 한국계량측정협회 공식 답변 인용 – 역자 보충 설명)는 제품이나 부품의 부적합품수를 외관이나 한계 게이지 등을 이용해 쉽게 검사할 수 있기 때문에 부적합품수를 이용하거나 np 관리도와 아울러 공정을 관리할 때 공장 현장에서 손쉽게 이용할 수 있다.

① 중심선 CL은 평균 부적합률 $\bar{p}$로 표시하고 다음 식처럼 부적합품수의 총계를 샘플의 총계로 나누어 구한다.

$$\mathrm{CL} = \bar{p} = \frac{\text{부적합품 수의 총계}}{\text{샘플 총계}}$$

② 관리 상한(UCL)과 관리 하한(LCL)은 다음 식으로 구한다.

$$\mathrm{UCL} = \bar{p} + 3\sqrt{\frac{\bar{p}(1-\bar{p})}{n}}$$

$$\mathrm{LCL} = \bar{p} - 3\sqrt{\frac{\bar{p}(1-\bar{p})}{n}}$$

하부 한계값이 마이너스일 때는 부적합률이 있을 수 없으므로 LCL은 생각하지 않아도 된다.

예를 들어, 어떤 제품의 데이터에서 조의 수가 25, 샘플의 크기 $n=100$, 부적합품수 총계 72를 얻었다고 하면, 이 경우의 CL, UCL, LCL은 다음과 같이 계산된다.

$$\mathrm{CL} = \bar{p} = \frac{72}{25 \times 100} = 0.029 = 2.9\%$$

$$\mathrm{UCL} = \bar{p} + 3\sqrt{\frac{\bar{p}(1-\bar{p})}{n}} = 0.029 + 3\sqrt{0.029}\,(1-0.029/100)$$
$$= 0.079 = 7.9\%$$

$$\mathrm{LCL} = \bar{p} - 3\sqrt{\frac{\bar{p}(1-\bar{p})}{n}} = 0.029 - 3\sqrt{0.029}\,(1-0.029/100)$$
$$= -0.021(\text{생각하지 않는다})$$

샘플의 크기 n이 일정한 경우의 p관리도는 그림 8–13과 같으나 이 경우는 np 관리도를 사용하는 편이 취급이 간단하다. $\bar{p}$의 값이 0.05이하와 같이 극히 작을 때는 관리 한계를 $\bar{p} \pm \sqrt{\dfrac{\bar{p}}{n}}$ 로 구해도 된다.

샘플의 크기 n이 바뀌는 경우는 그림 8-14와 같이 UCL, LCL이 달라진다. 이러한 경우의 관리도의 예는 주로 p 관리도에 이용되는 경우가 많다.

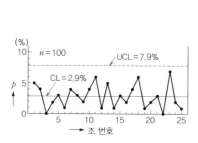

|그림 8-13| n이 일정한 경우의 p 관리도

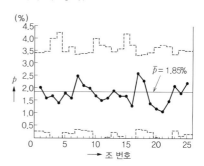

|그림 8-14| n이 변하는 경우의 p 관리도

(3) np 관리도(부적합품수 관리도)

부적합품수 np을 관리하는 경우에 사용하는 관리도로, 샘플의 크기 n이 일정한 경우에 사용한다. 취급 방법은 p관리도와 거의 같으며, 관리선은 다음 식으로 구한다.

$$\text{CL} = n\bar{p} = \frac{\text{부적합품수 총계}}{\text{조의수}}$$
$$\text{UCL} = n\bar{p} + 3\sqrt{n\bar{p}(1-\bar{p})}$$
$$\text{LCL} = n\bar{p} - 3\sqrt{n\bar{p}(1-\bar{p})}$$

(4) c 관리도(부적합수 관리도)

제품이나 부품에 생긴 흠집이나 도장 얼룩 등의 경우처럼 부적합수를 관리하기 위한 관리도로, 조사하는 샘플의 단위량이 일정할 때 이용한다.

관리선은 부적합수의 평균 $\bar{c}$만을 가지고 구하는 것이 특징이며 다음 식과 같다.

$$\text{CL} = \bar{c} = \frac{\text{부적합품수 총계}}{\text{단위 수}}$$
$$\text{UCL} = \bar{c} + 3\sqrt{\bar{c}}$$
$$\text{LCL} = \bar{c} - 3\sqrt{\bar{c}}$$

부적합수 c는 정수값이므로 UCL은 $\bar{c} + 3\sqrt{\bar{c}}$ 이상의 최소 정수, LCL은 $\bar{c} - 3\sqrt{\bar{c}}$ 이하의

최대 정수를 취한다. LCL은 계산 결과가 음수가 되었다면 생각하지 않아도 된다.

예를 들어 어떤 일정한 크기의 금속판 20장에 생긴 도장 얼룩을 조사했더니 그 부적합의 총수가 50이었다고 하면 CL, UCL, LCL은 다음과 같이 구한다.

$$CL = \bar{c} + \frac{50}{20} = 2.5 (금속판 1장당 도장 얼룩)$$
$$UCL = \bar{c} + 3\sqrt{\bar{c}} = 2.5 + 3\sqrt{2.5} = 7.24$$
$$LCL = \bar{c} - 3\sqrt{\bar{c}} = 2.5 - 3\sqrt{2.5} = -2.24$$

즉, 관리 상한은 7.24이상의 최소 정수 8로 하고, 관리 하한은 음수가 되므로 생각하지 않아도 된다.

(5) u 관리도(단위당 부적합수의 관리도)

c 관리도와 마찬가지로 부적합수를 관리하는 관리도인데, 검사하는 샘플의 크기가 일정하지 않은 경우에 이용된다. 예를 들어 에나멜선의 1시간당 생산량이 1500m, 1200m, 1300m로 변화하는 경우에는 시간당 1000m 단위로 환산하여 사용한다.

지금 1200m의 에나멜선을 검사했더니, 핀홀(작은 구멍)이 5개 있었다.

이 경우, 1000m당 부적합수 u는 다음과 같이 계산한다.

$$샘플\ 크기\ n = \frac{1200}{1000} = 1.2$$
$$부적합수\ \bar{u} = \frac{5}{1.2} = 4.2$$

중앙선과 관리 한계는 다음 식으로 구한다.

$$\bar{u} = \frac{부적합품수\ 총계}{샘플\ 크기\ 총계}$$
$$UCL = \bar{u} + 3\sqrt{\frac{\bar{u}}{n}}$$
$$LCL = \bar{u} - 3\sqrt{\frac{\bar{u}}{n}}$$

이 경우 n이 바뀌기 때문에 매번 UCL, LCL도 달라진다.

4 관리도 보는 법

관리도를 능숙하게 이용하려면, 타점된 점의 움직임을 보고 공정이 안정된 상태인지 또는 불안정한 상태인지를 정확하게 판단할 수 있어야 한다. 그러기 위해서는 관리도를 보는 법을 익혀서, 점의 움직임으로 정보를 파악해 조치를 취하는 훈련을 해야 한다.

(1) 안정 상태에 있는 관리도

다음의 두 가지 경우는 관리도상에서 공정이 안정된 상태에 있다고 판정할 수 있다.

① 관리 한계선 밖으로 나가는 점이 없는 경우

② 점이 랜덤으로 배열되고 배열 방식에 특정 경향이 없는 경우

실제로는, 생산 공정 이외의 원인으로 인한 변동 때문에, 공정의 상태가 한계선 안에 있는데도 한계선 밖에 있다고 판단하는 경우가 있다. 이런 오류를 줄이기 위해 일정 기간의 데이터를 가지고 다음의 세 가지 조건을 검토하여 이것이 충족되면 공정이 안정된 상태에 있는 것으로 판정한다.

① 연속 25점 이상이 관리 한계 내에 있을 때

② 연속 35점 중에서 관리 한계 밖의 점이 1점 이내일 때

③ 연속 100점 중에서 관리 한계 밖의 점이 2점 이내일 때

(2) 불안정 상태에 있는 관리도

관리도상에서 공정이 관리 이탈 상태에 있는 때를 판정하려면, 점이 관리 한계선 상에 타점되었을 때이거나 밖으로 나왔을 때인데, 점이 관리 한계 안에 있다고 해도 점의 배열 방식에 습관이 있을 때는 공정에 변화가 있었던 것으로 판단한다. 이것을 판정할 때 다음과 같은 경우를 불안정 상태라고 생각한다.

① 점이 중심선의 한쪽에 많이 나오는 경우(그림 8-15).

② 점이 중심선 근처에 나타나는 경우(그림 8-16).

특히, 15점 이상이 연속해서 중심선 $\pm 1\sigma$(시그마)의 범위 안에 모여 있는 관리도는 다른 성질의 데이터가 들어간 경우가 많으므로 층별 검토를 실시해야 한다.

③ 점이 관리 한계 근처에 나타나는 경우(그림 8-17).

④ 점이 상승 또는 하강 경향을 보이는 경우(그림 8-18).

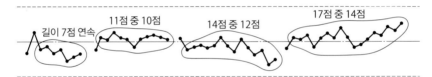

|그림 8-15| 점이 한쪽에 많이 나오는 경우

|그림 8-16| 점이 중심선 근처에 나타나는 경우

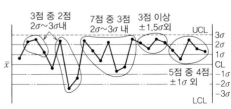

|그림 8-17| 점이 관리 한계 근처에 나타나는 경우

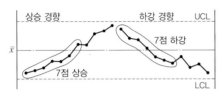

|그림 8-18| 점이 상승 또는 하강 경향을 보이는 경우

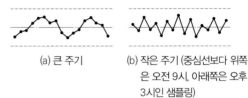

|그림 8-19| 점이 주기적인 움직임을 보이는 경우

예를 들어 절삭 공구가 점차 소모되어 제품의 치수가 크게 절삭되는 경우, 혹은 촉매의 열화로 인해 생산량이 감소하는 경우 등에 이런 경향이 나타난다.

⑤ 점이 주기적인 움직임을 보이는 경우(그림 8-19).

점이 상승, 하강 등 일정한 움직임을 반복하는 경우를 주기성이 있다고 한다. 예를 들어, 공구나 촉매 등을 정기적으로 교체하고 있는 경우, 기온이나 습도의 계절적인 변화가 윤활유에 영향을 미쳐 기계의 회전수에 변화를 주는 경우 등이 있다.

8-5 샘플링검사

1 검사란

검사란 물건을 측정 또는 시험하고 그 결과를 요구 조건과 비교하여 판정을 내리는 것을 말하며 다음과 같은 활동을 한다.

❶ 물건의 품질에 대한 적합·부적합 또는 로트의 합격·불합격 판정 기준을 결정한다.

❷ 특성값을 측정한다.

❸ 판정 기준과 측정 결과를 비교한다.

❹ 제품의 적합·부적합 판정 또는 로트의 합격·불합격 판정을 한다.

2 전수검사와 샘플링검사

(1) 전수검사

100% 검사라고도 부르며, 모든 제품을 하나하나 검사하는 방식으로 일반적으로는 다음 과 같은 경우에 적용된다.

① 검사 수가 적은 경우.

② 생산 공정이 불안정하여 부적합품률이 높고, 생산되는 품질이 미리 정한 품질 수준 에 도달하지 않은 경우.

③ 부적합품을 발견하지 못하면 인사 사고를 일으킬 우려가 있거나, 후속 공정 또는 소 비자에게 큰 손실을 주는 경우. 예를 들어 자동차 브레이크의 작동 불량 등.

④ 자동 검사기나 지그 등을 사용한 능률적인 검사가 가능하여 검사 비용에 비해 얻는 효과가 큰 경우.

(2) 샘플링검사

샘플링검사란 어떤 하나의 로트에서 미리 정해진 검사 방식(이것을 발췌 검사 방식이라 고도 함)에 따라 정해진 개수의 샘플(n)을 빼내 측정하거나 시험을 하고 그 결과를 합격 판정 기준(c)과 비교하여 그 로트 전체의 합격·불합격을 판정하는 검사를 말한다. 일반 적으로, 어느 정도는 부적합품의 혼입이 허용되는 것이 조건이 되는데, 다음과 같은 경 우에 적용된다.

① **파괴 시험의 경우** : (예: 재료의 인장 시험, 형광등의 수명 시험 등).

② **연속체나 수량이 많은 경우** : (예: 전선, 철판, 직물, 소형 나사, 스프링 등).

③ **검사 항목이 많을 경우** : 검사하는 수고를 없애고, 비용과 시간을 줄인다.

④ **검사의 신뢰성을 얻으려는 경우** : 로트의 품질을 일정한 부적합품률로 보증할 수 있다.

⑤ **품질 향상에 대한 자극을 주려는 경우** : 로트 단위로 성적이나 등급 등이 판정되므로

생산자는 불합격 로트 처리나 신용 등을 고려해 노력을 기울이도록 한다.

2 샘플링검사의 종류

샘플링검사에는 몇 가지 종류가 있는데 대표적인 것을 분류하면 다음과 같다.

(1) 품질 표시 방식에 의한 분류

검사 단위에 따라 계수형 샘플링검사(KS Q ISO 2859-1)와 계량형 샘플링검사(KS Q ISO 3951-4)가 있다.

(a) 계수형 샘플링검사 (inspection by attributes)

로트의 판정 기준이 개수와 같은 계수값(attributes or discrete)으로 주어지는 샘플링검사를 말한다. 뽑아낸 샘플을 시험하여 적합품과 부적합품으로 나누거나 부적합수를 세고 이것을 바탕으로 부적합품수 또는 부적합수가 몇 개 이하면 로트를 합격시키고, 몇 개 이상이면 불합격으로 하는 방식이다.

(b) 계량형 샘플링검사 (inspection by variables)

로트의 판정 기준이 중량이나 길이 같은 계량값(variables or continuous)으로 주어지는 샘플링검사를 말한다. 뽑아낸 샘플의 특성값을 측정하고 그 결과로 구해진 평균값 또는 부적합품률 등을 로트 판정 기준과 비교하여 이것과 일치하면 로트를 합격시키고 일치하지 않으면 로트를 불합격으로 하는 방식이다.

(2) 샘플링 횟수에 따른 분류

로트에서 샘플을 채취하는 횟수에 따라 1회 샘플링검사, 2회 샘플링검사, 다회 샘플링검사, 축차 샘플링검사의 4가지 형식이 있다.

(a) 1회 샘플링검사

그림 8-20과 같이, 로트에서 샘플을 단 1번만 샘플링하고 그 시험 결과에 따라 로트의 합격, 불합격을 판정하는 검사이다.

|그림 8-20| 1회 샘플링검사

(b) 2회 샘플링검사

그림 8-21과 같이 지정된 판정 개수를 가지고 제1차 샘플 시험에서 로트의 합격·불합격 또는 검사 속행 중 하나를 판정하고, 만약 검사 속행일 경우는 제2차 시험에서 지정 판정 개수로 실시한 결과와 제1차의 결과를 합계한 성적으로 판정하는 방식의 샘플링검사이다.

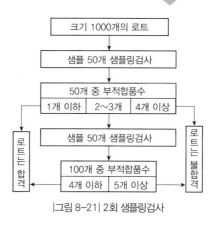

|그림 8-21| 2회 샘플링검사

(c) 다회 샘플링검사

그림 8-22와 같이, 2회 샘플링검사 방식을 확장한 형태의 검사로, 매회 정해진 크기의 샘플을 시험하고, 각 회까지 조사한 성적을 일정한 기준과 비교하여 합격, 불합격, 검사 속행의 판정을 내리면서, 어떤 일정 횟수까지 합격, 불합격을 판정하는 방식이다. 단, 제1차는 합격으로 판정하지 않는다.

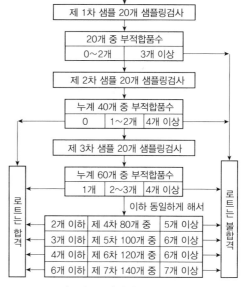

|그림 8-22| 다회 샘플링검사

(d) 축차 샘플링검사

로트에서 1개씩 또는 일정 개수씩 샘플을 발췌하여 시험하고, 그때마다 그때까지의 집계 성적을 로트의 판정 기준과 비교하여 합격, 불합격, 검사 속행의 판정을 하는 방식의 샘플링검사이다.

(e) 샘플링 형식을 정하는 방법

샘플링검사를 실시하는 경우 1회, 2회, 다회, 축차 중 어느 것을 이용할 것인가는 표 8-6에 나타낸 이해득실을 검토하여 결정한다.

|표 8-6| 각종 샘플링 형식의 이해득실

항목 \ 형식	1회 샘플링검사	2회 샘플링검사	다회 샘플링검사	축차 샘플링검사
검사 로트당 평균 검사 개수	대	중	소	최소
검사 로트별 검사 개수 변동	없음	조금 있음	있음	있음
검사 비용 (필요에 따라 자유롭게 샘플을 추출할 수 있는 경우)	대	중	소	소
심리적 효과 (꼼꼼하다는 느낌을 준다)	나쁘다	중간	좋다	좋다
실시 및 기록의 번잡성	간단	보통	복잡	복잡
적용하면 유익한 경우	검사 단위의 검사 비용이 저렴한 경우	검사 단위의 검사 비용이 약간 비싸서 주로 검사 개수를 줄이려는 경우	검사 단위의 검사 비용이 비싸서 검사 개수를 줄이는 것이 강력히 요구되는 경우	검사 단위의 검사 비용이 비싸서 검사 개수를 줄이는 요구가 최고조일 경우

(3) 샘플링검사의 형태에 의한 분류

샘플링검사의 형태는 실시 방식에 따라, 규준형, 선별형, 조정형, 연속 생산형의 4가지로 나누어진다.

(a) 규준형 샘플링검사

검사에 제출된 로트의 합격·불합격을 정하는 샘플링검사 방식으로, 생산자 보호와 소비자 보호의 두 가지를 규정하고 양쪽의 요구를 충족하도록 설계된 샘플링검사이다.

(b) 선별형 샘플링검사

미리 정해진 샘플링검사 방식에 따라 검사를 실시하여, 합격된 로트는 그대로 받아들이고 불합격된 로트는 모두 선별해 부적합품은 수리하거나 적합품과 교체한 후, 전부를 적합품으로서 수납 측에 넘기는 검사 방식이다.

(c) 조정형 샘플링검사

다수의 공급자로부터 로트를 연속적으로 구입할 경우에 그 로트의 과거 검사 이력등의 품질 정보를 참고로 보통 검사(normal inspection), 까다로운 검사(tightened

inspection), 수월한 검사(reduced inspection)를 준비하여 검사 방식을 조정하는 샘플링검사이다.

(d) 연속생산형 샘플링검사

물품이 연속적으로 생산되어 잇달아 들어오는 경우의 검사에 적용하는 샘플링검사로 예를 들어 벨트 컨베이어 위에 보내진 물건을, 처음에는 1개씩 전수 검사를 하고, 적합품이 일정 개수 계속되었다면 일정 개수당 샘플링검사로 넘기고, 부적합품이 발견되었다면 다시 전수 검사로 돌리는 방식이다.

4 OC곡선

(1) OC 곡선이란

샘플링검사에서 어떤 로트의 부적합률(nonconforming percent of lot : 일반적으로 '불량률'과 혼용하지만 KS Q 0001:2013에 의거하여 표준 용어인 '부적합률'을 통일하여 사용함; 역자 보충 설명)과 그 로트가 합격할 확률의 관계를 그래프로 나타낸 것을 **OC 곡선**(operating characteristic curve)라고 하며, **검사특성곡선**이라고도 한다.

그림 8–23과 같이, 가로축에 로트의 부적합률(%)을 놓고, 세로축에 로트가 합격할 확률을 눈금으로 표시한다.

샘플링검사에서는 추출한 샘플의 품질과 로트의 실제 품질이 반드시 일치하지 않는 것이 보통이기 때문에 샘플 중 부적합품의 수는 우연성에 의해 많아지거나 적어진다. 그러나 샘플링을 여러 번 반복하거나 랜덤 샘플링을 조건으로 했을 때, 그 로트가 합격할 확률은 통계적 계산으로 구할 수 있다. 합격할 확률은 로트의 품질에 따라 달라

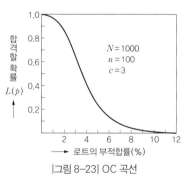

|그림 8–23| OC 곡선

지므로, 이것을 구해서 하나의 곡선으로 표시할 수 있는데 이것이 OC 곡선이다. 즉 로트의 크기, 샘플의 크기 및 로트의 합격 여부를 구분하는 판정 기준의 조합이 결정되면, OC 곡선으로 그 샘플링검사 방식의 판정 능력을 나타낼 수 있다.

또한, 샘플링검사 방식은 로트의 합격·불합격을 판정하기 위한 기준이 되는 것으로, 단순히 샘플링 방식이라고도 부른다. 예를 들어, 계수형 검사인 경우에 '샘플 크기 50개짜

리 검사를 하고, 그 중에서 찾아낸 부적합품(일부 전공서적에서는 '불량품'이라고도 하지만 KS Q 0001:2013에 의거하여 표준 용어인 '부적합품'을 통일하여 사용함 – 역자 보충 설명)이 1개 이하이면 로트를 합격시키고, 2개 이상이면 로트를 불합격시킨다'라고 하는 샘플링 방식이다. 보통은 이를 간략화해서 $n=50$, $c=1$이라는 기호로 나타낸다. 여기서 n은 샘플의 크기이며 c는 합격 판정 개수이다. 계량형 샘플링검사인 경우에는 n과 $\overline{X}_u$(상한 합격 판정값) 또는 $\overline{X}_L$(하한 합격 판정값)를 조합하여 나타낸다.

(2) OC 곡선을 보는 방법

어떤 샘플링검사 방식에서 1개의 OC 곡선이 얻어졌을 때 그 곡선을 통해 어떤 로트의 부적합률이 어느 정도의 확률로 합격되고 불합격되는지를 판독할 수 있다.

그림 8-24에서 p_0은 생산자로서 현재의 생산 능력으로 보았을 때 가급적 합격시키고 싶은 로트의 부적합률 상한이며, p_1은 소비자로서 실용상 큰 영향을 끼치기 때문에 가급적 불합격시키고 싶은 로트의 부적합률 하한을 나타낸다.

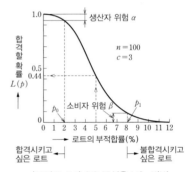

|그림 8-24| OC 곡선을 보는 방법

지금, 계수 규준형 1회 샘플링검사에서 생산자와 소비자가 상담한 결과 $p_0=2.0\%$, $p_1=8.0\%$로 지정되었을 때, 샘플링 검사표(표 8-7)에서 샘플링 방식은 샘플의 크기 $n=100$, 합격 판정 개수 $c=4$라는 값이 된다.

이 샘플링 방식에 대한 OC 곡선은 그림 8-24와 같으며, 이 그림에서 로트의 합격 확률을 다음과 같이 판독할 수 있다.

$$p=p_0=2.0\% \text{ 일 때} : L(p_0) \fallingdotseq 0.95$$
$$p=p_1=8.0\% \text{ 일 때} : L(p_1) \fallingdotseq 0.09$$

즉, 부적합률 p_0의 로트는 가급적 합격시키고 싶은데 불합격으로 판정될 우려가 있는 확률이 $(1-0.95)=0.05$라는 것이다. 이렇게 좋은 품질의 로트가 불합격할 확률을 **생산자 위험**(producer's risk)이라고 하며, 보통 이것을 α(알파)로 나타낸다.

또한, 부적합률 p_1의 로트는 가급적 불합격시키고 싶은데, 합격으로 판정될 우려가 있는 확률이 0.09인 것이다. 이처럼 나쁜 품질의 로트가 합격할 확률을 **소비자 위험**(consumer's risk)이라고 하며, 보통 이것을 β(베타)로 나타낸다. 일반적으로 $\alpha = 0.05$, $\beta = 0.10$을 기준으로 정하고 있다.

이와 같이, OC 곡선은 샘플링검사 방식의 성질을 나타내는 곡선이며, 임의의 품질에 대한 로트의 합격 확률을 읽어낼 수 있다. 예를 들어 그림 8-24에 나타낸 샘플링검사에서 부적합률 $p = 5\%$의 로트가 검사를 받았다고 하면, 이 로트의 합격 확률은 $L(p) \fallingdotseq 0.44$이다. 즉, 검사를 100번 받으면 44번 정도는 합격하지만, 56번 정도는 불합격된다는 것을 사전에 알 수 있다.

기본 글자는 n, 굵은 글자는 c

$\alpha \fallingdotseq 0.05,\ \beta \fallingdotseq 0.1$

p0(%) ＼ p1(%)	0.71~0.90	0.91~1.12	1.13~1.40	1.41~1.80	1.81~2.24	2.25~2.80	2.81~3.55	3.56~4.50	4.51~5.60	5.61~7.10	7.11~9.00	9.01~11.2	11.3~14.0	14.1~18.0	18.1~22.4	22.5~28.0	28.1~35.5
0.090~0.112	＊	400 **1**	↓	↑	↑	↓	060 **00**	050 **00**	←	←	←	←	←	←	←	←	←
0.113~0.140	＊	300 **1**	500 **2**	↓	↑	↑	↓	040 **00**	←	←	←	←	←	←	←	←	←
0.141~0.180	＊	↑	250 **1**	400 **2**	↓	↑	↑	↓	030 **00**	←	←	←	←	←	←	←	←
0.181~0.224	＊	↑	200 **1**	300 **2**	500 **3**	↓	↑	↑	↓	025 **00**	←	←	←	←	←	←	←
0.225~0.280	＊	↑	150 **1**	250 **2**	400 **3**	↓	↑	↑	↓	020 **00**	←	←	←	←	←	←	←
0.281~0.355	＊	↑	120 **1**	200 **2**	300 **3**	500 **6**	↓	↑	↑	↓	015 **00**	←	←	←	←	←	←
0.356~0.450	＊	↑	100 **1**	150 **2**	250 **3**	400 **6**	↓	↑	↑	↓	↓	015 **00**	←	←	←	←	←
0.451~0.560	＊	↑	↑	120 **2**	200 **3**	300 **4**	500 **6**	↓	↑	↑	↓	↓	010 **00**	←	←	←	←
0.561~0.710	＊	↑	↑	↑	150 **3**	250 **4**	400 **6**	↓	↑	↑	↓	↓	↓	↓	07 **00**	←	05 **0**
0.711~0.900	＊	↑	↑	↑	400 **6**	250 **6**	150 **4**	100 **3**	060 **02**	050 **01**	040 **01**	↓	↓	↓	↓	07 **00**	←
0.901~1.120	↑	↑	↑	↑	300 **6**	300 **6**	200 **6**	120 **4**	080 **03**	060 **02**	040 **01**	040 **01**	015 **00**	015 **00**	10 **00**	←	←
1.13~1.40	↑	↑	↑	↑	500 **10**	250 **6**	150 **4**	100 **3**	080 **03**	060 **02**	030 **01**	030 **01**	←	←	←	←	←
1.41~1.80	↑	↑	↑	↑	↑	400 **10**	200 **6**	120 **4**	100 **3**	060 **02**	050 **02**	050 **02**	025 **01**	025 **01**	01 **00**	←	←
1.81~2.24	↑	↑	↑	↑	↑	↑	300 **10**	150 **4**	100 **03**	060 **02**	040 **02**	040 **02**	020 **02**	03 **02**	←	←	←
2.25~2.80	↑	↑	↑	↑	↑	↑	＊	250 **6**	150 **03**	120 **02**	100 **02**	070 **02**	050 **02**	040 **03**	03 **02**	←	←
2.81~3.55	＊	＊	＊	＊	＊	＊	＊	＊	200 **6**	150 **03**	100 **02**	060 **02**	050 **02**	040 **03**	03 **02**	←	10 **1**
3.56~4.50	＊	＊	＊	＊	＊	＊	＊	＊	＊	200 **6**	120 **03**	100 **02**	060 **02**	050 **03**	03 **03**	15 **01**	←
4.51~5.60	＊	＊	＊	＊	＊	＊	＊	＊	＊	＊	150 **10**	100 **06**	060 **04**	040 **04**	25 **03**	20 **03**	15 **2**
5.61~7.10	＊	＊	＊	＊	＊	＊	＊	＊	＊	＊	＊	070 **06**	050 **04**	040 **04**	20 **03**	20 **04**	20 **3**
7.11~9.00	＊	＊	＊	＊	＊	＊	＊	＊	＊	＊	＊	＊	060 **06**	050 **06**	30 **04**	25 **04**	25 **4**
9.01~11.2	＊	＊	＊	＊	＊	＊	＊	＊	＊	＊	＊	＊	＊	100 **10**	70 **10**	60 **06**	30 **6**

[비고] 화살표는 그 방향의 첫 칸의 n, c를 이용한다. ＊표시는 표2에 따른다. 공란은 샘플링검사 방식이 없다.

표 8-7 계수 규준형 1회 샘플링 검사표

8-1 일정 기간에 부적합을 나타내는 아래 표와 같은 데이터가 있다. 이것의 파레토 차트를 작성하여라.

부적합 항목	표면 흠집	치수 부적합	구멍 위치 오류	나사 부적합	조립 부적합
개수	85	48	33	28	6

8-2 5개의 데이터(32.4, 33.5, 35.2, 32.7, 34.8)에서, 평균값 $\bar{x}$, 메디안 $\tilde{x}$, 범위 R, 제곱합 S, 불편분산 V, 표준편차 s를 구하여라.

8-3 샘플의 크기 5, 조의 수 20인 데이터에 대해 각 조의 평균값 $\bar{x}$의 합계가 237.82(mm), 범위 R의 합계가 3.54(mm)였다. $\bar{x}$ 관리도의 UCL, LCL 및 R 관리도의 UCL을 구하여라.

제 **9** 장 ▶ **환경과 안전 위생 관리**

9-1 산업 공해

1 공해 문제

일본에서는 근대화가 시작된 메이지 시대(1868년~1912년) 도치기현에 위치한 아시오 구리 광산에서 광독 사건(구리 제련 시 발생하는 부산물로 인한 공업 재해)이 발생했다. 이것은 동광을 개발하면서 광독 가스(이산화황 포함)와 광독 오염수 등의 유해물질이 배출되어 와타라세강 유역의 환경에 매우 큰 피해를 준 사건이다. 제2차 세계 대전 후 고도 경제 성장기에는 중화학 공업이 급속히 발전하면서 공장 폐수 중에는 유기 수은 화합물이, 공장 배기 가스 중에는 유황 화합물이 포함되어 이로 인한 4대 공해병(미나마타 병, 니가타 미나마타 병, 이타이이타이 병, 욧카이치 천식)이 발병하여 대규모 피해를 입게 되었다. 일본 각지에 발생한 공해 문제에 대해서, 일본 정부는 1967년 공해 대책 기본법을 제정하여 대기 오염, 수질 오염, 토양 오염, 소음, 진동, 지반 침하, 악취를 **전형적인 7대 공해**라 규정하고 사람의 건강을 보호하고, 생활 환경을 보전하는 데 바람직한 기준으로 **환경 기준**의 개념을 도입했다. 이후 각종 유해물질에 관한 농도 규제에 따른 방지법을 정비해 왔지만, 오염 물질의 배출 총량을 억제할 수 없어서 총량 규제 기준이 채택되고 있는 실정이다.

2 환경정책기본법

우리나라는 환경정책기본법을 1990년에 제정하여 1991년부터 시행하고 있다. 이 법의 목적은 환경보전에 관한 국민의 권리·의무와 국가의 책무를 명확히 하고 환경정책의 기본 사항을 정하여 환경오염과 환경훼손을 예방하고 환경을 적정하고 지속가능하게 관리·보전함으로써 모든 국민이 건강하고 쾌적한 삶을 누릴 수 있도록 하는 것이다. (출처: 환경부 홈페이지 관련 법규 총칙 참조)

환경보전 목표의 설정과 이를 달성하기 위해 다음과 같은 사항에 대해 단계별 대책 및 사업 계획을 마련한다.

가. 생물다양성·생태계·경관 등 자연환경의 보전에 관한 사항

나. 토양환경 및 지하수 수질의 보전에 관한 사항

다. 해양환경의 보전에 관한 사항

라. 국토환경의 보전에 관한 사항

마. 대기환경의 보전에 관한 사항

바. 수질환경의 보전에 관한 사항

사. 상하수도의 보급에 관한 사항

아. 폐기물의 관리 및 재활용에 관한 사항

자. 화학물질의 관리에 관한 사항

차. 방사능오염물질의 관리에 관한 사항

카. 기후변화에 관한 사항

타. 그 밖에 환경의 관리에 관한 사항

관련 법령에는 대기환경보전법(환경부), 폐기물관리법(환경부), 물환경보전법(환경부), 소음·진동관리법(환경부), 토양환경보전법(환경부), 자원의 절약과 재활용촉진에 관한 법률(환경부), 악취방지법(환경부), 하수도법(환경부), 지하안전관리에 관한 특별법(국토교통부), 에너지이용 합리화법(산업통상자원부) 등이 있다.

3 환경 관리

기업이나 공장에서의 **환경 관리**는 환경을 유지하고 개선하기 위해 관리 목표와 개선 지표를 정하고 그 대책을 마련하는 활동이다. 환경오염 수준을 개선하기 위해서는 다음 절차에 따른다.

❶ 물질 및 에너지 밸런스를 측정하고, 환경 영향의 실태를 파악한다.

❷ 환경 영향의 항목별로 중요도를 부여해 대상 과제의 도달 목표를 정량적으로 정한다.

❸ 과제별로 원인을 규명하고 구체적으로 실시 가능한 대책안을 마련하여 실시한다.

❹ 대책의 실시 결과를 체크하고 필요한 추가 조치를 강구한다.

❺ 도출된 성과가 지속되도록 표준화를 진행하고 유지·관리한다.

9-2 산업 재해

1 재해 발생의 구조

재해는 결과로서 발생하는 현상이지만, 이것에는 잠재적인 위험 요인이 있다. 잠재 위험 요인에는 기계 설비, 건축물 등의 물적 요인과 작업자나 제삼자 등의 인적 요인이 있으며, 물적 요인이 불안전한 상태일 때와 인적 요인이 불안전한 행동을 할 때 사고가 발생하며 재해가 일어난다고 생각할 수 있다.

공장이나 사업소에서 발생하는 **산업 재해**는 노동 인적 재해와 시설 물적 재해로 크게 구분된다.

2 노동 인적 재해

안전 위생 관리란, 기업 활동에서 발생하는 **사고성 재해**와 직업병의 발병 등 건강 장애를 발생시키지 않도록 작업장에서 일어날 수 있는 불안전 상태나 불안전 행동 등의 잠재 위험 요인을 발견하고, 그 개선을 실시해, 인적 재해 제로(무재해)를 목표로 하는 관리 활동이다.

안전 위생 활동의 3원칙은 다음과 같다.

❶ **무재해의 원칙**

재해 방지의 기본은 '어느 누구도 부상자를 내지 않는다'라는 인간 존중의 이념으로, 재해가 제로로 되도록 만드는 것을 원칙이라고 생각해야 한다.

❷ **선취의 원칙**

1건의 중상 재해의 배후에는 29건의 경상 재해가 있다. 더욱이 그 배후에는 재해 통계에 나타나지 않는 대형 사고로 이어질 뻔한 사례(아차사고)가 300건이나 잠재되어 있다는 **하인리히의 법칙**(Heinrich's law, 1:29:300 법칙)이 유명하다.

❸ **참여 원칙**

일하는 사람의 안전과 건강을 지키는 것은, 사업자의 법적 책임이며 도의적 책임이기도 하다. 그러나 무재해 달성을 위해서는 단지 사업자에 의한 안전 조치뿐만 아니라 작업자 스스로의 안전 활동이 필수적이고 작업자 전원이 이러한 활동에 참여해야 한다. 노동 인적 재해의 발생 상황을 나타내는 척도로는 연천인율, 도수율, 강도율이 있다.

(1) 연천인률

연천인율은 근로자 1000명당 1년간 발생하는 노동 재해에 의한 사상자 수로 나타낸다.

$$연천인율 = \frac{연간\ 재해자수}{연평균\ 상시\ 근로자수} \times 1000 \qquad (9 \cdot 1)$$

(2) 도수율(빈도율, frequency rate of injury : FR)

도수율은 총 100만 실제 노동 시간당 발생하는 노동 재해에 의한 사상자 수(휴업 하루 이상)로 나타내며, 사상자 수와 총 실제 노동 시간 수는 1개월 또는 1년 등의 일정 기간 을 구분하여 산출한다.

$$도수율 = \frac{재해건수}{근로자수 \times 근로시간} \times 1,000,000 \qquad (9 \cdot 2)$$

예를 들어, 종업원이 2000명인 공장에서 1개월 동안 1건의 노동 재해가 발생한 경우의 도수율은 1개월의 노동 시간을 200시간으로 할 때, 다음과 같이 계산된다.

$$도수율 = 1/(2,000 \times 200) \times 1,000,000 = 2.5 \qquad (9 \cdot 3)$$

(3) 강도율(severity rate of injury : SR)

강도율은, 총 실제 근로 시간 1,000 시간당 근로 손실 일수로 나타낸다.

$$강도율 = \frac{근로\ 손실\ 일수}{총\ 실제\ 근로시간수} \times 1000 \qquad (9 \cdot 4)$$

우리나라에서는 근로 손실 일수를 다음과 같이 정하고 있다.

① 사망 또는 영구 전노동 불능 재해 (신체 장애 등급 1~3급)의 경우 : 7,500일
② 영구 일부 노동 불능 재해(신체 장애 등급 4~14급)의 경우: 4급(5,500일) ~ 14급 (50일)
③ 일시 전노동 불능 재해 : 휴업일수×300/365

|표 9-1| 신체 장애 등급과 근로 손실 일수

고용노동부, [산업안전보건법] 산업재해통계 업무처리 규정 (2017 시행) 참조

구분	사망	신체 장애 등급											
		1~3	4	5	6	7	8	9	10	11	12	13	14
근로 손실 일수	7,500 일	7,500	5,500	4,000	3,000	2,200	1,500	1,000	600	400	200	100	50

(4) 산업 재해 통계의 일례

우리나라의 2018년 산업 재해 발생 현황을 총괄, 업종별, 규모별로 정리하면 다음과 같다.(한국산업안전보건공단 홈페이지 http://www.kosha.or.kr/kosha/data, 고용노동부 보도자료 참고, 2019)

○ 총괄

구분	2018. 1~12월	전년 동기	증감	증감율
○ 사망자수	2,142	1,957	185	9.5
− 사고 사망자수	971	964	7	0.7
− 질병 사망자수	1,171	993	178	17.9
○ 사망만인율	1.12	1.05	0.07	6.7
− 사고 사망만인율	0.51	0.52	−0.01	−1.9
− 질병 사망만인율	0.61	0.54	0.07	13
○ 재해자수	102,305	89,848	12,457	13.9
− 사고 재해자수	90,832	80,665	10,167	12.6
− 질병 재해자수	11,473	9,183	2,290	24.9
○ 재해율	0.54	0.48	0.06	12.5
− 사고 재해율	0.48	0.43	0.05	11.6
− 질병 발생률	0.06	0.05	0.01	20
○ 근로자수	19,073,438	18,560,142	513,296	2.8

※ 재해자수에는 '18.1.1.부터 확대 적용된 「산업재해보상보험법」 상의 통상 출퇴근 재해는 제외.

※ 사망자수 및 업무상사고 사망자수에는 사업장외 교통사고, 체육행사, 폭력행위, 사고발생일로부터 1년 경과 사고사망자, 통상 출퇴근 사망자는 제외(다만, 운수업, 음식숙박업의 사업장 외 교통사고 사망자는 포함).

○ 업종별   (명‰, %, ‰, %p, ‰p)

구분	2018. 1~12월			전년 동기			증감		증감율	
	근로자수	재해자수 (사망자)	재해율 (사망 만인율)	근로자수	재해자수 (사망자)	재해율 (사망 만인율)	재해자수 (사망자)	재해율 (사망 만인율)	재해자수 (사망자)	재해율 (사망 만인율)
총계	19,073,438	102,305	0.54	18,560,142	89,848	0.48	12,457	0.06	13.86	12.50
		2,142	1.12		1,957	1.05	185	0.07	9.45	6.67
광업	11,697	2,225	19.02	11,199	1,897	16.94	328	2.08	17.29	12.28
		478	408.65		457	408.07	21	0.58	4.60	0.14

구분	2018. 1~12월			전년 동기			증감		증감율	
	근로자수	재해자수(사망자)	재해율(사망만인율)	근로자수	재해자수(사망자)	재해율(사망만인율)	재해자수(사망자)	재해율(사망만인율)	재해자수(사망자)	재해율(사망만인율)
제조업	4,152,058	27,377	0.66	4,127,450	25,321	0.61	2,056	0.05	8.12	8.20
		472	1.14		432	1.05	40	0.09	9.26	8.57
건설업	2,943,742	27,686	0.94	3,046,523	25,649	0.84	2,037	0.1	7.94	11.90
		570	1.94		579	1.9	−9	0.04	−1.55	2.11
전기가스·수도업	76,967	108	0.14	75,496	87	0.12	21	0.02	24.14	16.67
		5	0.65		4	0.53	1	0.12	25.00	22.64
운수·창고·통신업	873,232	5,291	0.61	860,522	4,249	0.49	1,042	0.12	24.52	24.49
		157	1.80		122	1.42	35	0.38	28.69	26.76
임업	89,751	1,041	1.16	82,773	1,124	1.36	−83	−0.2	−7.38	−14.71
		13	1.45		16	1.93	−3	−0.48	−18.75	−24.87
기타의 사업	10,058,930	37,505	0.37	9,510,716	30,595	0.32	6,910	0.05	22.59	15.63
		416	0.41		318	0.33	98	0.08	30.82	24.24
기타	867,061	1,072	0.12	845,463	926	0.11	146	0.01	15.77	9.09
		31	0.36		29	0.34	2	0.02	6.90	5.88

※ 기타는 어업, 농업, 금융보험업임

○ 규모별

(명‰, %, ‰, %p, ‰p)

구분	2018. 1~12월			전년 동기			증감		증감율	
	근로자수	재해자수(사망자)	재해율(사망만인율)	근로자수	재해자수(사망자)	재해율(사망만인율)	재해자수(사망자)	재해율(사망만인율)	재해자수(사망자)	재해율(사망만인율)
총계	19,073,438	102,305	0.54	18,560,142	89,848	0.48	12,457	0.06	13.86	12.50
		2,142	1.12		1,957	1.05	185	0.07	9.45	6.67
5인 미만	3,030,676	32,568	1.07	2,813,885	29,597	1.05	2,971	0.02	10.04	1.90
		479	1.58		416	1.48	63	0.10	15.14	6.76
5인 ~ 49인	8,306,786	47,554	0.57	8,069,832	42,929	0.53	4,625	0.04	10.77	7.55
		806	0.97		732	0.91	74	0.06	10.11	6.59
50인 ~ 99인	1,971,076	7,116	0.36	1,921,118	6,066	0.32	1,050	0.04	17.31	12.50
		170	0.86		190	0.99	−20	−0.13	−10.53	−13.13
100인 ~ 299인	2,510,402	7,217	0.29	2,500,364	5,408	0.22	1,809	0.07	33.45	31.82
		295	1.18		245	0.98	50	0.20	20.41	20.41

구분	2018. 1~12월			전년 동기			증감		증감율	
	근로자수	재해자수 (사망자)	재해율 (사망 만인율)	근로자수	재해자수 (사망자)	재해율 (사망 만인율)	재해자수 (사망자)	재해율 (사망 만인율)	재해자수 (사망자)	재해율 (사망 만인율)
300 인 ~ 999인	1,701,468	4,500	0.26	1,700,950	3,145	0.18	1,355	0.08	43.08	44.44
		289	1.70		283	1.66	6	0.04	2.12	2.41
1,000 인 이상	1,553,030	3,350	0.22	1,553,993	2,703	0.17	647	0.05	23.94	29.41
		103	0.66		91	0.59	12	0.07	13.19	11.86

(5) 노동 인적 재해의 원인

노동 인적 재해를 일으키는 원인은 매우 많고, 큰 재해가 발생한 이면에는 가벼운 재해를 일으키거나, 재해에 이르지는 않았어도 많은 사고의 원인들이 잠재되어 있다. 즉, 재해로서 크게 나타나는 것은 빙산의 일각으로, 사고 원인은 작은 것이라도 놓치지 않고 방지 대책을 세울 필요가 있다. 노동 인적 재해의 주요 원인이 되는 물적 요인과 인적 요인을 예로 들면 다음과 같다.

[물적 요인]

① 안전 장치의 미비

② 기계·설비의 설계나 구조의 부적합

③ 기계·설비의 파손, 마멸, 균열

④ 취급이나 관리 방법의 미흡

⑤ 채광, 조명, 환기 등 작업 환경의 불량

⑥ 정리정돈의 미비, 기계·설비의 과밀 배치

⑦ 작업복, 방호구(안경, 장갑, 신발, 안전모 등)의 미비

[인적 요인]

① 피로나 수면 부족

② 작업이 체력이나 성질에 맞지 않음

③ 경험, 기능, 지식의 부족

④ 작업 위치, 자세 등이 부적절함

⑤ 주의 부족, 장난

⑥ 불안전한 방법으로 장치 사용

⑦ 보호구를 사용하지 않음

⑧ 무허가의 작업 실시 등 명령이나 지시의 불이행 또는 명령 위반

3 시설 물적 재해

공장 시설은 자연재해로 피해를 입는 경우도 있지만, 사람의 부주의 등으로 인한 재해(인재)가 발생하는 경우도 많다.

인재 중에서 가장 발생 건수가 많은 것은 화재로서 각종 위험물의 연소, 분해, 폭발 등에 의해 야기된다. 이것들은 공장 건물, 생산 설비, 원재료, 제품 등에 큰 손해를 끼칠 뿐만 아니라 사상자가 발생할 수 있다.

화재 방지의 대책으로서는, 사전에 다음과 같은 예방 조치를 취해야 한다.

❶ 발화를 방지하기 위해서, 위험 물질(인화·가연·폭발의 성질을 가지는 가스·기름·분진 등)이나 발화원(노출된 불꽃, 고온 표면, 충격 마찰, 전기 불꽃 등)의 관리를 철저히 할 것.

❷ 연소 방지 수단으로서, 건축물은 불연성 재료로 사용하며 방화·내화의 구조로 한다.

❸ 가스 검지기, 화재 경보 설비, 소화 설비, 소화기, 소방 용수, 배연 설비 등을 설치한다.

화재 외, 시설 구조물 등의 설계나 처치의 불량 등에 의해 파괴, 전도 파손 등이 발생하는 경우가 있다. 또한 업종에 따라서는 보일러 또는 고압 가스 설비의 파열, 와이어 로프의 절단, 토사·터널의 붕괴 또는 낙반 등의 발생도 있으며, 모두 사상율이 매우 높은 재해가 된다.

9-3 안전 관리

생산 활동을 원활히 추진시키기 위해서는 안전 제일로서 공장 내의 사고나 재해의 사전 방지에 노력하는 것이 중요하다. 그러기 위해서는, 재해 방지의 기준이나 조직을 만들어 책임 체제를 분명히 하는 것과 동시에 종업원들이 안전에 대한 관심을 가지도록 해야 한다.

1 안전 관리 조직

노동 안전 위생 법에서는 일반적으로 제조업 등에서 근로자 수 300명 이상 사업장에서는 **총괄 안전위생관리자**를 선임하여 안전관리자와 위생관리자를 지휘하고, 노동자의 안전과 위생의 대책, 이를 위한 교육 실시 등에 대해서 총괄 관리하는 것을 정하고 있다. 또한, **안전관리자**는 노동자 50명 이상의 사업장마다 유자격자 중에서 선임하고, 안전에 관한 모든 사항을 관리하도록 하고 있다.

또한, 노동자 측의 의견을 수용하기 위해 노동자수 100명 이상 제조업에서는 **안전관리위원회**를 구성해야 한다. 이 위원회는 노사가 반씩 위원으로 참여하고 일반적으로 위원장이 안전관리자가 되며, 안전 관리 연간 계획과 사고 대책, 제반 규정의 작성 등을 수행한다.

2 안전 관리 업무

안전 관리의 업무는 일반적으로 안전관리자, 안전위원회, 안전 위원 및 관계 종사원이 분담하고, 주요 업무는 다음과 같다.

❶ 건물, 설비, 작업의 장소나 방법에 위험이 있을 때의 처리 방법의 지도와 감독
❷ 안전 장치, 보호구, 그 외의 위험 방지 시설의 정기 점검 및 정비
❸ 안전에 관한 교육·훈련의 실시
❹ 발생한 재해의 원인 조사와 대책
❺ 안전에 관한 중요 사항의 기록·통계와 보존
❻ 방화관리자의 선임

또한 **방화관리자** 업무는 대체로 다음과 같다.
❶ 소방 계획 작성
❷ 소방 계획에 근거한 소화, 통보 및 피난 훈련의 실시
❸ 소방용 설비 등의 점검 정비
❹ 화기의 사용 또는 취급에 관한 감독
❺ 소방기관에 대한 소방 계획서 제출 및 신고

안전관리 효과를 높이기 위해서는 경영자나 관리자의 안전에 대한 이해와 의욕이 가장 중

요하며, 또한 일반 종업원의 각 분야에서 안전에 대한 협력이 필요하다.

3 안전 교육과 예방 활동

노동 재해의 상당수는 작업자의 경험이나 지식의 부족, 안전에 대한 무관심 등에서 일어나고 있다. 따라서 생산 활동 중에, 항상 안전을 지키는 태도가 몸에 배이도록 안전 교육과 안전 활동을 하는 것은 매우 중요하다.

안전 교육이란, 생산 활동을 안전하게 진행시키기 위해 실시하는 교육과 훈련으로, 다음과 같은 목적을 가지고 있다.

❶ 안전 작업 방법(작업의 순서·동작, 연락 신호, 보호구의 착용 등)의 지식이나 기능을 습득하다.

❷ 만일의 경우에 대비해 적절하고 기민한 행동을 할 수 있는 습관을 체득한다.

❸ 생산상의 책임과 동시에 안전상의 자주적 활동의 책임을 갖게 하고, 재해 방지의 관심을 높인다.

특히 산업안전보건법에서는 기업이 안전교육을 해야 할 경우로서, ① 신규 채용자가 있을 때, ② 작업 내용이 변경되었을 때, ③ 위험하거나 유해한 업무에 종사할 때, ④ 팀장 또는 작업의 감독자로서 새로 취임할 때 등을 정하고 있다.

일반 종업원에 대한 안전 교육은 강습회, 연구회, 방재 훈련 등을 계획적으로 실시해, 안전에 대한 관심을 높이는 것이 필요하다.

안전을 한층 강화시키는 운동으로, ① 매일 아침 작업 시작 전에, 각 작업장에서 팀장을 중심으로 행하는 안전 조례, ② 안전 제안이나 무사고 등의 표창, ③ 사내 신문, 포스터, 영화, 비디오 등에 의한 선전, ④ 안전 주간, 정리·정돈 습관 등의 실시, ⑤ 안전에 관한 자료의 전시회, ⑥ 작업장 안전에 관한 회의·발표회·전시회 등의 개최(재해 사례, 상해 통계, 행동 기록 등 비디오·사진을 이용하면 효과적) 등이 있다.

9-4 위생 관리

위생 관리는 안전 관리와 함께 종업원의 건강을 관리하는 것으로, 실천 방안으로는 예측이나 측정 등에 의한 작업 방법과 위생 상태에 유해가 되는 원인을 파악하고, 필요한 조치를 실시해 인체의 건강 장해를 미연에 방지하는 것이다.

1 위생 관리 조직

산업안전보건법 시행령에 의거 상시 근로자 50명 이상을 사용하는 사업장은 기업의 규모에 따라 한 명 이상의 **보건관리자**를 선임하도록 정하고 있다. 보건관리자는 관련 법규에서 명시한 자격을 가진 사람이 맡으며, 매주 1회 작업장을 순시하고, 위생상 유해의 어떤 우려가 있을 때는 즉시 필요한 조치를 취해야 한다. 또한, 상시 근로자 50명 이상을 사용하는 사업장에서는 **산업보건의**를 선임하여 매달 1회 작업장 외 식당, 휴게소, 취사장, 화장실 등 보건 시설을 순회하고 노동자의 건강 관리에 대해서 사업주 또는 총괄 안전보건관리자에게 권고하거나 보건관리자에 지도나 조언을 해야 한다. 산업안전보건법에서는 상시 근로자 100명 이상을 사용하는 사업장의 경우, 근로자의 위험 또는 건강장해를 예방하기 위해 노사가 산업안전보건에 관한 중요한 사항을 심의·의결하는 기구로서 **산업안전보건위원회**를 설치하도록 정하고 있다.

2 위생 관리 업무

위생 관리의 주된 업무는 다음과 같다.

❶ 건강 진단

그 종류로서 신규 채용자에 대한 건강 진단, 정기 진단(연 1회 이상, 유해 업무에 종사하는 사람은 연 2회 이상).

❷ 병자의 취업 금지

전염병 또는 전염성 질환에 걸린 사람이나 정신병자 및 심장병 등으로 병세가 악화될 우려가 있는 사람.

❸ 노동 환경의 보전

정기적으로 작업장의 환경을 측정하고 위생 환경의 유지관리에 노력한다.

측정 항목과 대상으로는 밝기, 기온, 습도, 기류, 분진, 유기용제, 소음 등이 있다. 또한 작업장 외에 휴게실, 탈의실, 욕실, 취사장, 식당, 화장실, 기숙사 등에 대해서도 위생관리를 실시한다.

❹ 위생 교육, 건강 상담

안전 교육과 마찬가지로 위생에 관한 중요함을 널리 홍보한다. 또한, 의사나 보건관리자 등에 의해 보건이나 요양 등에 대한 지도를 실시한다.

9-5 노동 안전 위생 관리 시스템

1 노동 안전 위생 매니지먼트 시스템의 개념

일본의 경우, 2006년 후생노동성에서 **노동 안전 위생 매니지먼트 시스템**에 관한 지침을 제시하여 노동 재해 감소를 통해 노동자의 건강 증진과 쾌적한 직장 환경 조성을 촉진하기 위한 방안으로 PDCA 사이클 관리의 중요성을 표명하였다.

2 노동 안전 위생 관리 시스템의 구조

노동 안전 위생 매니지먼트는 이하의 사항을 확실히 수행하여 추진시킨다.

❶ 안전 위생 방침의 표명

사업주는 노동 재해의 방지, 안전 위생 관리의 실시, 관계 법규와 사업소에서 정한 규정의 준수, 노동 안전 위생 매니지먼트시스템의 실시 등을 포함한 방침을 표명해야 한다.

❷ 위험성·유해성의 조사(risk assessment: 위험 평가)

다음 순서에 따라 위험성이나 유해성을 조사한다.

- 위험성 또는 유해성의 특정
- 위험 유해 요인의 리스크 산출
- 리스크(위험성)의 평가

- 리스크 저감 대책의 검토

❸ 안전 위생 목표의 설정

안전 위생방침에 근거하여 안전 위생 목표를 설정하고, 일정기간에 달성해야 할 목표점을 정해 관계자에게 주지시킨다.

❹ 안전 위생 계획의 작성

위험 평가의 결과에 근거하여 목표 달성에 대한 구체적 실시 사항, 일정 등을 정하고 안전 위생 계획을 작성한다.

❺ 체제 정비

기업 조직이 필요한 부서에 관리자를 선임하여 노동 안전 위생을 추진할 인력과 예산을 확보한다. 아울러 노동자에게 안전 위생 교육을 실시해, 안전 위생 위원회의 활동을 촉진한다.

❻ 명문화

안전 위생 방침, 관리자의 역할·책임·권한, 안전 위생 목표, 필요한 절차 등을 문서화하고, 관리한다.

❼ 기록

안전 위생 계획의 실시 상황, 시스템 감사의 결과, 위험 평가의 결과, 교육의 실시 상황, 노동재해의 사고 등 발생 상황의 필요사항을 기록한다.

❽ 안전 위생 관리 시스템의 감사와 재검토

정기적인 시스템 감사 계획을 작성하고 적절히 감사를 실시하여 안전 위생 관리 시스템의 타당성과 유효성을 확실히 하기 위해 안전 위생 방침, 지침에 의거한 각종 절차 등의 전반적인 검토를 다시 실시한다.

10-1 인사 관리란

인사 관리란 기업이 목적 달성을 위해 종업원의 노동력을 가장 효과적으로 발휘시키기 위한 관리를 말하며, **노동 관리**, 인사·노무 관리 등의 명칭도 사용되고 있다. 공업 생산에 필요한 기본적인 요소는 사람, 재료, 기계 등이지만 이 중에서 기업 활동의 성과에 가장 큰 영향을 미치는 것은 사람이며, 사람 관리에 대한 중요성은 이미 1장에서 인간관계를 중시해야 한다는 관점으로 언급하였다. 따라서 경영자는 사람의 중요성을 인식하여 기업에 적합한 사람을 선택해 채용하고, 능력을 충분히 발휘시키게 하며, 종업원과 협력하여 기업의 발전을 도모하는 것이 중요하다. 인사 관리의 주된 내용을 보면, 종업원 채용(고용), 배치, 교육 훈련, 인사 고과(10-4절 참조), 임금, 복리 외에 안전, 위생 및 노사(종업원과 경영자) 관계 관리가 포함된다.

10-2 고용 관리

1 고용 관리란

종업원 채용, 배치, 이동, 퇴직 등의 업무를 수행하며, 기업에 필요한 소질과 능력을 갖춘 사람을 모아 적재적소에 배치하고 적절한 처우 등을 하는 데 목적을 둔 관리이다.

2 채용과 배치

기업이 종업원을 모집할 때, 통근 가능 지역 이내라면 문서로 하거나 직접 모집할 수 있지만, 통근 가능 지역 이외에서의 모집은 일반적으로 구직 포털사이트와 학교의 소개에 의해 실시되는 경우가 많다. 채용 업무에는 모집 계획, 전형 계획, 채용 절차 등이 있다.

(1) 모집 계획

모집 계획에서 중요한 것은 채용 조건으로 근무 장소, 업무의 종류, 임금, 노동 시간, 복

리 후생 관계 등이 주요 내용이다.

(2) 전형 계획

일반적으로는 서류 전형과 직접 전형으로 이뤄진다. 필요한 서류는 이력서, 자기소개서, 졸업증명서, 건강진단서, 사진 등이다. 채용 해당 연도 졸업예정자의 경우, 졸업예정증명서, 성적증명서, 추천서 등의 서류 제출이 필요하다. 직접 전형은 필기시험, 면접시험 외에 여러 가지 검사가 있으며 면접에는 개별 면접과 집단 면접 방식이 있으며 제반 검사에는 직업 적성 검사, 성격 검사, 직업 흥미 검사, 기능 검사 등이 있다.

(3) 채용 절차

채용 절차를 내정에서 배치까지로 하고, 그 기간에 진행되는 절차를 예로 들면, ① 채용 내정 통지서 발송, ② 신원 보증서 요청(입사 후 요청하는 경우도 있음), ③ 예비 연수, ④ 입사식, ⑤ 근로계약서 작성, ⑥ 취업 규칙·신분증명서·통근증명서 등 필요 서류의 배포와 설명, ⑦ 유니폼·작업복·기타 필요한 물품의 배포, ⑧ 건강 진단 등이 있다.

(4) 배치 절차

채용된 종업원을 배치할 때는 각종 검사 결과를 참고로 하는 것 외에 채용 후의 교육·훈련 및 실제로 업무에 종사하게 한 결과 등을 심사하여 가장 적합한 직무를 배정하는 것이 바람직하다. 즉, 실제 배치는 몇 달 후에 하고, 그 기간 동안 적재적소에 배치하는 절차를 행할 필요가 있다. 이를 통해 기업은 결과적으로 생산성을 향상시키고, 노동 재해를 줄이고, 관리하기 용이해지는 등의 이점이 있으며, 종업원에게는 정신적인 안정을 주어 업무에 대한 만족감과 근로 의욕을 부여할 수 있다.

3 인사이동

인사이동이란, 기업의 조직 안에서 직무나 직위가 바뀌는 것을 말하며, 타 부서에서의 일시적인 지원 근무는 인사이동이라고 할 수 없다.

인사이동을 실시하는 목적은 다음과 같다.

❶ 특정 부문의 증강, 신설 또는 축소, 폐지에 따른 이동

❷ 각 부문의 업무 부담의 조절을 목적으로 한 이동

❸ 종업원의 능력과 의욕 향상을 목적으로 한 이동

❹ 보상 또는 징계의 의미로 행해지는 이동

이상의 목적에서 결과적으로는 승진, 전임, 강등의 3종류 이동으로 나뉜다. 승진의 경우, 학력, 연령, 근무연수 등을 신중하게 고려할 필요가 있으며, 일시적인 실적 중심의 승진은 동료와의 인간관계에서 오히려 본인을 불행하게 하는 경우도 있다. 전임, 강등의 경우는 이유를 설명해서 당사자의 이해와 수긍을 얻는 것이 필요하다.

인사이동을 시기에 따라 분류하면 정기 이동과 임시 이동으로 나뉜다. 정기 이동은 1년 중 일정 시기를 정해 계획적으로 이동을 하는 것으로, 계획적인 업무상의 필요성이라는 것에서 비교적 종업원의 협력을 얻기 쉽지만, 임시 이동은 부정기적이기 때문에 이동에 대한 아주 명확한 이유가 없으면, 계획성의 관점에서 종업원에게는 불안감을 주기 쉽다.

10-3 교육 훈련

기업에서 종업원에게 **교육 훈련**을 실시하는 목적은 기업이 필요로 하는 직무 지식이나 기능 습득, 취업 태도를 몸에 익혀 생산성 향상을 도모하기 위함이다. 하지만 최근에는 교육 훈련에 대한 개념을 한걸음 더 발전시켜 종업원의 자기계발을 통해 인간으로서의 가치를 높이는 능력 개발을 중시하게 되어, 요즘에는 교육 훈련이라는 표현 대신에 **능력 개발**이라는 표현을 많이 사용한다.

1 교육 훈련의 종류

교육 훈련의 종류는 교육의 대상자·장소·방법 등으로 크게 나눌 수 있다.

(1) 교육 대상자에 따른 분류

(a) 신입사원의 교육 훈련

기업 고유의 직장 문화나 환경에 빨리 적응하여, 기업의 일원으로서 기업에 공헌할 수 있는 자질을 만든다는 것으로 조기 적응 훈련이라고 할 수 있다.

교육 기간은 일주일에서 수개월 정도로, 그 내용은 회사의 개요 설명, 업무의 기초 지식, 기능 훈련, 종업원으로서의 마음가짐과 태도의 함양 등이며 특히 소그룹에 의한 토의, 현장 실습, 체험 학습 등을 중시하는 경향이 있다.

(b) 기능자의 교육 훈련

기술 고도화에 따른 생산 기술의 진보는 기능의 정도에도 큰 영향을 주어 계획적인 기능자 훈련이 요구되고 있다. 기능자 훈련의 기본적인 개념은 근로자직업능력 개발법(고용노동부, 2019 시행)에 따라 직업능력 개발 훈련과 직업능력 검정을 통해 기능 인력 양성을 도모하고 있다.

기업 내에서 기능자 훈련으로서 실시되고 있는 사업 내 직업 훈련은 생산에 직결된 기능과 관련 지식을 습득하는 것으로, 중견 기술자를 1~3년간에 걸쳐 육성하고 있다. 직업 능력 검정은 각 직종마다 능력에 따른 급수가 있다.

(c) 감독자의 교육

새로운 감독자를 육성할 때나 공장의 현장에서 작업원을 직접 감독하는 팀장의 자질을 향상시킬 때 등에 행해지는 교육으로, ① 업무와 책임의 지식, ② 업무를 가르치는 능력, ③ 업무를 개선하는 능력, ④ 사람을 다루는 능력 등을 배양한다.

②~④의 교육 훈련 방식으로서 **TWI 방식**(training within industry의 약자)이 있다. 이것은 **감독자 훈련**이라고도 하며, 제2차 세계 대전 후 미국에서 도입된 교육 훈련 방식으로, 기업 내의 일선 감독자를 위해 개발된 것이다. 표준화된 지도 방법에 따라 토론과 시연을 중심으로 한 회의 방식으로 진행되며, 표준 절차는 ① 배울 준비를 시킨다, ② 작업을 설명한다, ③ 시켜 본다, ④가르친 후 지켜본다, 등이다.

(d) 관리자의 교육

기술의 급격한 진보, 글로벌화, 컴퓨터 활용 등 기업을 둘러싼 환경은 크게 변화하고 있다. 경영자를 비롯해 부장이나 과장 등의 감독자는, 이러한 정세의 변화에 대응해 스스로 필요한 조치를 취해야 한다. 이러한 이유로 관리자 교육은 기업에서 매우 중요해지고 있다. 관리자의 훈련 방식으로서 **MTP 방식**(management training program의 약자)이 있다. 이것은 미국에서 발달하여 부서장에 적합한 감독자 훈련으로 회의를 주체로 하며, 내용은 ① 관리의 기초, ② 업무의 개선, ③ 업무의 관리, ④ 부하의 훈련, ⑤ 인간관계로 구성되어 있고, 한 번에 2시간씩 20번의 회의를 실시하여 완료된다.

(2) 교육 장소에 따른 분류

(a) 직장 내 훈련(on the job training : OJT)

작업장의 관리·감독자나 특정 지도자가 작업장 내에서 실제 업무를 통해 진행하는 훈련 방법이다. 지도자의 작업 능률에 방해가 되지만, 현장의 실정에 맞는 훈련을 적시에 실시할 수 있으므로 실제 업무에 빨리 적응할 수 있다.

(b) 직장 외 훈련(off JT)

현장 업무에서 벗어나 집단적으로 실시하는 훈련 방법으로, 업무와 관련된 지식, 기술, 기능 등을 전문가로부터 집중적으로 지도를 받을 수 있다. 이해의 폭이 넓고 복잡한 지식의 교육 또는 특수 부문의 교육 등에 적합한 훈련이다.

(c) 교육 실시 방법에 의한 분류

(i) **강의 방식** : 지도자가 주로 구두로 기술과 지식을 가르치는 방법이다. 일시에 다수의 사람을 교육할 수 있지만, 교육이 일방적으로 진행되는 경향이 있다.

(ii) **회의 방식** : 일정한 문제에 대해 참가자에게 자기의 의견을 자유롭게 발표시키면서 결론을 도출하는 방법으로, 지도자의 적절한 지도로 참가자의 사고방식이나 표현 능력 또는 상대 의견을 정확하게 이해하는 능력 등을 배양한다.

(iii) **토론 방식** : 회의 방식의 일종으로, 회의석상에서 참가자가 어떤 문제에 대해 연구 결과를 발표하고, 각자 의견을 내서 활발하게 토론하는 방법이다. 또 참가자들에게 구체적인 사례를 제시하고, 그 문제에 대해 분석하고 연구해서 해결 방법을 마련하도록 하는 것을 사례연구라고 한다. 이 밖에, 지도자와 참가자가 그 역할을 교대로 시연하는 역할 연기 방식, 강의나 시연 후에 참가자들이 직접 실시해 보는 실습 방식 등이 있다.

또한, 강의나 회의 등에서는 실물이나 모형 등을 제시해서 실험이나 시연을 보이면, 참가자들이 쉽게 이해할 수 있다. 또한, 슬라이드, 영화, 비디오 등의 프레젠테이션 툴의 이용도 효과적이다.

이상의 분류 이외에 재교육, 전직 교육, 승진 교육, 해외파견 교육 등의 종류가 있지만, 이것들은 필요할 때마다 실시하도록 한다.

2 능력 개발

기업에서 종업원 개개인의 잠재 능력을 발견하고, 그 능력을 적극적으로 향상시키는 것을 **능력 개발**이라고 한다. 이것은, 기업의 성장은 곧 사람의 성장에 의해 이루어진다고 하는 사고방식에서 발생한 것으로, 종업원의 능력을 개발해 활용하는 것이 기업의 발전에도 도움이 되기 때문이다.

종업원의 능력을 향상시키는 방법으로는 앞에서 설명한 교육 훈련을 실시하는 것 외에, 종업원이 스스로 능력을 개발할 수 있는 환경이나 기회를 제공하는 것이 필요하다. 대표적인 연수 방법으로 다음과 같은 것이 있다.

❶ 해외 유학 : 국제적인 시야를 넓혀 기업의 글로벌화에 대처할 수 있다.

❷ 국내 유학 : 주로 국내의 대학, 연구기관, 회사 등에 파견해서 기초 기술, 최신 기술이나 기능 등을 습득한다.

❸ 자격 취득의 지원 : 기술사, 기사, 기능사 등 기업의 직무와 관계 있는 자격시험의 응시를 장려하고, 수험료 등을 부담한다.

❹ 통신 교육 수강의 지원 : 기업이 인정하는 통신 교육의 수강을 지원해, 수료자에게는 수강료의 일부 또는 전액을 기업이 부담하여 지원한다.

❺ 자율 강좌의 개설 : 근무시간 외나 휴일을 이용해서 기업이 자율 강좌를 개설하고, 종업원은 필요한 과목을 선택 수강하고, 수강료는 자기 부담으로 하여 참가한다.

아울러, 경험을 하나의 교육이라고 생각한다면, 종업원이 담당할 장래의 직무경력을 계획해서 체계적으로 인사이동을 실시하는 것도 능력 개발의 한 수단이라고 할 수 있다.

10-4 인사 고과

1 인사 고과란

종업원의 근무 태도나 직무 수행의 상황을 능력과 실적 등으로 평가하는 것을 **인사 고과**라고 하며, **근무 평정**이라고도 한다. 그 목적은 ① 승급·성과급의 조정, ② 승진·이동의 참고, ③ 인력의 적정 배치, ④ 교육 훈련·능력 개발의 자료 활용 등으로 한다.

2 인사 고과 방법

인사 고과의 평정을 위해 사용되는 고과 항목은 직무의 지위나 종류에 따라 다르지만, 그 척도는 가능한 한 과학적이고, 합리적이며 공정하게 설정해야 한다. 일반적으로 사용되는 고과 항목에는 책임감, 판단력, 이해력, 실행력, 주의력, 지도력, 기획력, 통솔력, 교섭력, 응용력, 지식, 기능, 근면성, 협조성, 적극성, 신뢰성, 독창성 등이 있다.

기본적인 인사 고과 방식을 들면 다음과 같다.

(1) 순위법

등급법이라고도 하며, 종업원의 실적에 따라 서열을 매기는 방법으로, 관리자나 감독자가 평가자가 되어, 자신의 감독 하에 있는 종업원에게 순위를 매겨서 평가한다. 동일 직무의 경우는 간단하게 실시할 수 있지만, 작업장이 다른 경우에는 순위 평가를 함께할 수 없는 결점이 있다. 표 10-1은 분석적 순위법의 일례를 나타낸 것이다.

|표 10-1| 순위법의 예

고과 항목 피고과자	업무량	업무 중요도	이해력	적극성	순응성	지식기능	합계	순위	평가
A	2	1	3	5	3	4	18	3	미
B	1	3	2	4	5	1	16	1	수
C	4	5	4	1	2	3	19	4	양
D	5	2	1	3	5	5	20	5	가
E	3	4	5	2	1	2	17	2	우

(2) 인물 비교법

종업원 중에서 대표적인 인물을 선출하여 판단 척도로 하고 그것을 기준으로 전 종업원의 고과를 진행시키는 방법이다. 이 방법은 평가자가 많을 경우, 그 기준이 되는 대표적인 인물을 동일하게 적용해서 올바른 관찰을 할 수 있을지가 문제가 된다.

(3) 대조법

평가자는 종업원의 일상 업무 처리 능력을 평가 항목으로 기입한 고과표에 체크하는 것만으로 하고, 나머지는 인사 담당자가 미리 부여한 평가점을 근거로 하여 정리 집계한다.

(4) 평정 척도법

고과 항목의 평가를 일정한 눈금의 척도 위에 나타내는 것으로, 그림 10-1처럼 평정 척도법이 비교적 간단하므로 기업의 인사 고과에 가장 많이 보급되고 있다.

(5) 다항목 종합적 사고법

종업원을 전체적인 관점으로 보고 평가하는 것으로, ① 업무 처리 능력은 어떤가, ② 전체적인 순위는 어느 정도인가, ③ 담당하고 있는 직무의 요구를 충분히 충족하고 있는가 등의 요점을 파악해서 종합적으로 정리하는 방식이다.

(6) 자기성과기술제

본인이 자신을 평가하고 소정의 사항에 대해 성과를 기술하는 방식이다. 성과 기술 내용은 ① 과거의 직무력, 현재의 직무 내용, ② 집중한 업무와 고심한 것의 결과, ③ 직무 수행에 필요하다고 생각한 것으로 예를 들어, 지식, 능력, 태도 등 ④ 직무에 대한 자기 능력의 활용 정도, ⑤ 능력 발휘에 적합한 업무, ⑥ 기타, 자기 성격, 건강 상태, 특기, 연구 사항, 취득 자격, 수강 교육 훈련, 등이다.

자기성과기술제는 관리자나 감독자가 만든 인사 고과와 함께 승진이나 이동 등에 활용되지만, 상사와 부하의 대화 자료로도 이용할 수 있다.

정리 No. _____

고 과 표

번호	참고 항목	착안점	평정가치 성명 (주의점)	평점
작업장 / 작업요령			요령 만 세 요수 간 만 내 개발	년 월 일
1	책임감	업무를 수행하려는 의욕과 결과에 대한 책임감의 정도.	1. 기일을 지켜 정확하게 하려는 노력은 어떠했는가. 2. 문제점이 있을 때의 태도는 어떤가.	9 8 7 6 5 3 1
2	협조성	상사나 동료와의 인간관계를 원만하게 유지해 나가는 정도.	1. 곤란한 직무에도 열심히 협력했는가. 2. 표면적으로만 협력하는 것은 아닌가.	9 8 7 6 5 3 1
3	적극성	필요한 것은 과감하게 도전하는 마음가짐의 정도.	1. 업무의 개선과 개선에 대한 노력은 어떤가. 2. 회의에서의 발언이나 질문은 활발한가.	9 8 7 6 5 3 1
4	실행력	업무를 정확·신속·적극적으로 수행하는 능력의 보유 정도.	1. 실행에 옮기는 판단력은 신속한가. 2. 지시한대로 확실하게 행동하는가.	9 8 7 6 5 3 1
5	주의력	업무를 세심하게 배려해 수행할 수 있는 집중력의 정도.	1. 업무에 실수는 없는가. 2. 업무에 누락이나, 비용, 무리는 없었는가.	9 8 7 6 5 3 1
소견			기간 년 월 일 년 월 일	평가 척도 9 8 7 6 5 4 3 2 1 단 우 양 미 불 우 수 양 미 불 단 단 단 단 평 균 ○ : 평가 위치
평정	직위 성명			

[그림 10-1] 평정 작도법 예

200 • 알기 쉬운 생산관리

10-5 임금 관리

1 임금 관리란

고용자가 종업원의 노동에 대해 지급하는 보수를 임금이라고 하며, 급여, 급료, 봉급 등으로 불리며 각종 수당과 상여금 등도 포함된다. 즉, 임금은 고용자에게는 경비의 일부가 되고, 종업원에게는 살아가는데 필요한 수입원이 된다. 이 두 가지 측면에서 한쪽은 임금 부담을 줄이려 하고 다른 쪽은 가능한 한 높은 임금을 받으려고 하기 때문에 이해가 상반된다. 이 차이를 적절하게 조정시키는 것이 임금 관리이다. 일반적으로 임금액의 결정 요인은, ① 기업의 지불 능력, ② 종업원의 생계비, ③ 노동력의 수요와 공급의 균형, ④ 노동의 질과 양, ⑤ 노사의 교섭력 등이 영향을 미친다.

2 임금 관리의 목적

임금 관리의 목적은 넓은 의미로 노사 관계에서 상반된 임금의 이해관계를 조정하면서 기업의 질서와 성장을 도모하는 것이지만 더 구체적인 사항을 열거하면, ① 노동력을 확보한다, ② 근로 의욕을 고취시킨다, ③ 임금 지급을 적정하게 한다, ④ 노동력의 질을 향상시킨다, ⑤ 인간관계를 원활하게 한다, ⑥ 기업 내 노사관계를 안정시킨다 등이 있다.

3 임금 체계와 기본급

(1) 임금 체계

임금이 어떤 요소로 구성되어 있는지 그 구성의 명세를 나타낸 것을 임금 체계라고 한다. **임금 체계**는 기업마다 다르지만 표 10-2에 나타낸 것을 고려하고 있다.

이상의 임금 외, 특별 급여로서 기업의 수익에 따라 지급되는 상여, 퇴직할 때 재직 중의 공로에 대해서 일시금으로 지불되는 퇴직금 등이 있다.

(2) 기본급

임금 체계의 항목 중 **기본급**은 임금의 중심이 되는 것으로, 이것에 따라 임금 전체의 성

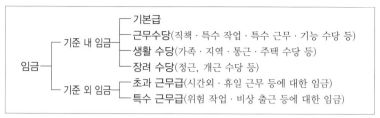

|표 10-2| 임금 체계의 일례

격이나 특징이 만들어진다. 기본급을 정하는 방법은 다음과 같다.

(a) 연공급

학력별로 정해진 초봉을 기초로 하여 연령, 근속 연수의 증가에 따라 승급시키는 임금 체계를 **연공급여** 또는 **연공서열 임금**이라고 한다. 학력과 근속 연수가 임금을 결정하는 큰 조건이 되기 때문에 안정성은 있지만 인재를 활용한다는 관점에서는 문제가 있다.

(b) 직무급

기업에서 각 직무의 가치를 상대적으로 비교해 결정하는 임금으로, 같은 직무를 담당하는 자는 학력·연령·근속 연수와 관계없이 동일한 임금을 지불한다고 하는 개념이다. 따라서, **직무급**은 우선 직무의 내용이나 책임의 정도를 명확히 하고, 이들의 가치를 평가하여 이를 몇 개의 등급으로 분류하며, 등급별로 임금을 결정한다.

각 등급의 임금이 일정액인 경우도 있지만, 각 등급마다 일정한 임금 차이를 설정하고, 같은 등급 내 승급을 고려한 것도 있다. 또한, 각 등급의 상호간에 임금 폭이 겹치는 일도 있다. 그림 10-2는 이것들을 도형으로 나타낸 것이다.

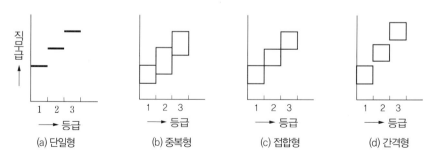

|그림 10-2| 직무급의 형태

(c) 직능급

종업원이 직무를 수행하는 능력의 종류와 정도를 기준으로 하여 결정하는 임금으로, 실제로는 그 결정 방법에 다소 차이가 있다. 그 주된 내용을 살펴보면, ① 직무별로 일정한 능력 차이를 마련한 **직능급**(앞에서 말한 임금 차이를 보존한 직무급과 같다), ② 능력의 서열을 만들어 그것에 필요한 능력의 조건에서 종업원의 등급을 매기고, 학력이나 근무 연수 등을 고려한 일정 임금과 그것을 연결하는 직능급, ③ 유사한 직종군(예를 들면, 작업직이나 감독직)마다 그 직무 수행에 필요한 능력의 정도를 나타내는 직능 등급을 설정하고, 일정 임금과 연결되는 직능급 등이 있다. 일본에서는, 일반적으로 기본급을 연공급으로 하는 것이 주류였지만, 최근 기술 혁신에 따른 새로운 시대의 도래로 이것에 대응할 수 있는 임금 체계의 확립이 요구되고 있다.

4 임금 지급 형태

임금을 지불할 때, 그 액수를 결정하기 위한 노동량의 측정은 근로 시간이나 업무 능률에 따르는 것으로 생각할 수 있다. 따라서, 임금 지불의 형태는 다음에 나타낸 정액급제와 능률급제의 기본형으로 크게 나뉜다.

(1) 정액급제

근무시간을 기준으로 임금을 지급하는 제도로 시간급, 일급, 주급, 월급, 연봉, 일당월급 등이 있다.

(2) 능률급제

노동의 능률에 따라 임금을 지급하는 제도로, 청부제와 이윤 분배제가 있다. **청부제**는 생산량의 성과에 따라 임금을 산출하는 제도로, 제품 생산량에 대해 지불하는 생산량급제와 표준 이상의 업무량에 대해 할증금을 지급하는 할증급제가 있다. **이윤분배제**는 노사의 일정계약에 의거하여 기업 이윤의 일정 비율을 종업원에게 추가대금 형태로 분배하는 제도이다.

10-6 노사 관계

1 노사 관계란

경영자와 노동자의 관계를 노사 관계라고 하며, 노사 관계와 노자 관계의 두 가지 사용법이 있다. **노사 관계**는 생산 면에서 협력하는 경영자와 종업원의 관계이며, **노자 관계**는 경영자와 노동조합과의 관계를 나타내는 것이다. 기업을 번영시키기 위해서는 노사가 협력하는 것이 중요하고 인간관계의 중시에 대해서는 이미 1-4절 2항에서 언급하였으므로, 노사에 관한 노동 법규에 대해서 다음과 같은 개요를 제시한다.

2 노동 법규

자본주의 경제 체제에서 노사에 관한 기본적인 법률로는 노동조합법, 근로기준법 및 노동쟁의 조정법이 제정되어 있으며 이들 법률을 노동3법이라고 하였다. 하지만 우리나라에서는 1997년부터 노동조합법과 노동쟁의조정법이 통합되어 '노동조합 및 노동관계조정법'으로 바뀌면서 노동2법이 되었다(역자 보충 설명 추가).

(1) 노동조합 및 노동관계조정법

이 법률은 노동자가 사용자와 대등한 입장에 서서, 노동조건을 개선하거나 경제적인 지위를 높이고, 자주적으로 대표자를 선출하여 노동조합을 조직하고 단결하는 것을 돕거나, 노동협약을 체결하기 위한 단체교섭을 하는 것을 목적으로 하고 있다. 그 내용은 노동조합의 성질, 노동협약의 효력, 경영자의 부당노동행위 금지, 노동 위원회 등에 대해서 정하고 있다. 또한, 노사관계의 공정한 조정을 도모하여, 노동 쟁의의 예방이나 해결 방법에 대해 정한 법률로서 노동관계 당사자의 자주적 해결을 기초로 하여, 알선, 조정, 중재, 긴급 조정에 대해서 규정하고 있다.

(a) 노동협약

노동 조건 외의 노동자의 대우에 관한 기준에 대해 노동조합과 사용자 또는 사용단체 간에 체결되는 협정이며, 이 협정에는 법적 효력을 발생시키기 위해서 양 당사자

의 서명 또는 기명날인을 필요한 조건으로 하고 있다.

(b) 부당노동행위

사용자측이 노동자의 단결권, 단체교섭권, 쟁의권, 그 외 조합의 정상적인 노동운동을 방해하는 부당한 행위를 말한다.

(c) 노동위원회

노동조합의 자격심사, 부당노동행위 심사, 노동쟁의 알선, 조정, 중재 등을 위해 노동조합법에 따라 설립된 행정기관을 말한다. 근로자, 사용자, 공익기관 등 각각 동수의 대표위원으로 구성된다.

(2) 근로기준법

노동자를 보호하기 위해 근로 조건의 최저 기준을 규정한 법률로 근로 계약, 임금, 근로 시간, 휴식, 휴일 및 연차유급휴가, 안전 및 위생, 여성 및 연소자, 기능자 양성, 재해 보상, 취업 규칙, 기숙사, 감독기관 등에 대해 규정하고 있다.

3 노동조합의 조직과 제도

노동조합은 기업소별 조합으로, 그것들이 서로 모여 기업별 연합체(기업 연합)가 조직된다. 또한, 이 기업 연합을 기초로 하여 산업별 조합이 조직되고, 이러한 산업별 조합을 결합해 전국 중앙 조직으로 되어 있다. 노동조합의 운영 제도로는 오픈 숍, 유니언 숍, 클로즈드 숍 등이 있다.

❶ 오픈 숍(open shop)

노동조합 가입을 노동자의 자유의사에 맡겨 조합원도 비조합원도, 그 기업의 종업원으로서의 자격을 인정받는 제도

❷ 유니언 숍(union shop)

원칙으로서 고용되고 나서 일정기간 후에 반드시 노동조합원으로서 가입하는 것을 의무화하고 있는 제도

❸ 클로즈드 숍(closed shop)

전 종업원이 가입하고, 조합원 이외는 그 기업의 종업원이 될 수 없는 제도

11-1 원가 계산

1 원가계산이란

원가는 제품의 생산과 판매를 위해 소비한 재화나 용역(서비스)을 제품 1단위당으로 계산한 값이다. 여기서 **재화**란, 원재료, 노동력, 기계 설비 등을 말한다. 즉, 생산 활동을 화폐가치로 나타낸 것이기 때문에 원가에 의해 생산 능률이 좋은 상태이거나 나쁜 상태인지를 판단할 수도 있다. 원가를 계산하거나 분석하는 절차를 **원가계산**이라고 한다. 원가계산을 실시하는 목적은 다음과 같다.

❶ 적정한 제품 가격을 결정하는 기초 자료를 구한다.

❷ 생산 방법을 개선하거나 원가를 인하하는 자료로 한다.

❸ 원가관리에서 사용되는 표준원가를 결정할 때의 자료로 한다.

❹ 경영관리의 방침 결정 등에서 필요한 원가정보를 제공한다.

❺ 재정 상태를 명확하게 제시하는 재무제표에 필요한 자료를 제공한다.

여기서 재무제표란, 일정기간 기업의 경영 성적이나 재정 상태를 계산·정리하고, 주주나 금융기관 등의 이해관계자에게 보고하기 위한 회계 보고서를 말한다.

2 원가의 구성

원가는 각종 목적으로 이용되기 때문에 그 구성 내용은 여러 가지 관점에서 분류된다. 주요한 것들을 예로 들면 다음과 같다.

(1) 원가요소에 따른 구성

원가요소로서 생각할 수 있는 3요소는 제품 생산에 직접 필요한 재료비, 노무비, 생산 활동에 필요한 제경비이다. 이것들은 공장에서 제품의 제조에 필요한 원가이기 때문에 **제조원가** 또는 **공장원가**라고 한다.

3요소를 더 세분하면 다음과 같다.

(a) **재료비** : 원재료, 부품, 기타, 공장의 소모품, 비품비 등이다.

(b) 노무비 : 임금에 관한 일체의 비용이다.

(c) 경비 : (a), (b) 이외의 모든 비용이다.

판매가격을 형성하는 요소로서는 이상의 3요소 외에, 영업비, 이익 등이 추가된다. 이것을 그림으로 나타내면 그림 11-1과 같이 된다.

판매가격				
총원가(판매원가)				이익
제조원가(공장원가)			영업비	
재료비	노무비	경비		

|그림 11-1| 원가의 구성

(2) 조업도와의 관계에 따른 구성

조업도와의 관계 유무에 따라 생각할 수 있는 것으로 고정비와 변동비가 있다. 여기서, 조업도란 기업에서 설비, 노동력, 자재 등의 생산 능력을 이용하는 정도를 말하며, 일반적으로 기준 생산량에 대한 실제 생산량의 비율로 나타난다. 생산량의 측정 척도에는 생산 수량 외에 금액, 작업 시간, 기계 운전 시간 등이 사용된다.

(a) 고정비

조업도나 생산량의 증감에는 관계없이, 어느 기간 동안 일정하게 유지되는 비용이다. 예를 들어 임차료, 보험료, 감가상각비, 고정자산세 등이 있다.

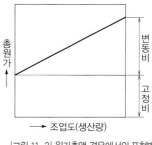

|그림 11-2| 원가총액 경우에서의 표현법

(b) 변동비

조업도나 생산량의 증가에 따라 변동하는 비용이다. 예를 들어, 재료비, 여비, 소모품비 등이 있다.

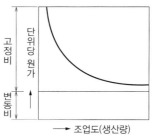

|그림 11-3| 제품 1단위당 원가의 표현법

이상을 조합시킨 원가 구성의 특징으로서 공장 전체에서 본 원가총액의 경우는 그림 11-2처럼, 조업도가 증가함에 따라 고정비는 일정하지만 변동비와 함께 총원가가 증대하고 있다. 이 원가의 표현법은 직접원가계산[3항 (3)의 (b) 참조]의 개

넘을 기본으로 해서 활용되고 있다. 하지만, 제품 1 단위당의 경우는 그림 11-3과 같이, 원가를 표시하는 방법이 원가총액의 경우와 상반되므로 주의가 필요하다.

(3) 제품에 사용된 비용에 따른 구성

제품에 사용된 분량이 명확한지에 따라 고려해야 하는 것으로 직접비와 간접비가 있다.

(a) 직접비

어떤 제품을 위해 소비된 것을 확실하게 파악할 수 있는 원가를 말한다. 예를 들어 철교, 선박, 차량 등의 철강 재료비 등이다.

(b) 간접비

여러 종류의 제품에 공통적으로 사용되기 때문에 제품마다 구별할 수 없는 원가를 말한다. 예를 들어, 공장의 전기료와 수도료 등이 있다.

제품 원가를 정할 때는 일정 기준에 따라 각 제품별로 나누어야 한다. 또한, 앞에서 말한 재료비, 노무비, 경비 전체에도 직접비와 간접비의 구분이 필요하다.

3 원가계산의 종류

원가계산의 종류는 이용 목적, 조건 부여 방법 등에 따라 다양하게 나눌 수 있다. 대표적인 것을 예로 들면, 다음과 같다.

(1) 개별 원가계산

제품별 또는 주문별로 원가를 계산하는 방법으로, 다품종 소량의 수주생산에 많이 이용된다. 표 11-1에서 나타낸 것처럼, 원가를 직접비와 간접비로 나누어 계산한다.

|표 11-1| 개별 원가계산의 비용 항목

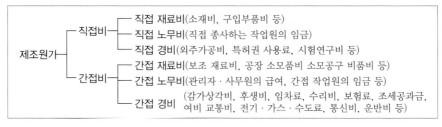

(a) 계산 방법

큰 장치와 설비 등에 대해서는 제품 1개에 대한 원가를 계산한다. 또한, 동종 다수의
물품을 동시에 제조할 때에는, 동일한 품종을 1로트로 해서 제조명령서를 발행하고,
로트를 단위로 하여 원가계산을 하고, 이것을 생산량 수로 나눠 1개당 제품원가를
계산한다.

(b) 간접비의 할당법

제품에 대한 비용 계산은 직접비가 용이하지만, 간접비에서는 비용을 제품에 정확
하게 할당하는 것이 매우 어렵고 계산을 복잡하게 하면 비용이 많이 들게 되고, 쉽게
하면 정확성이 떨어진다. 따라서 제품과의 관계 정도에 따라 비율을 정하고, 되도록
계산하기 쉬운 방법을 사용한다.

제품에 대한 할당법(배부법)에는 다음과 같은 것이 있다.

(i) 금액을 기준으로 하는 것

① **직접 노무비 기준법** 제품 생산에 직접 종사하는 작업자의 임금을 기준으로
하는 방법이다. 이 방법은 기계 사용이 적고 노동력이 주력이며, 임금액수와
생산량이 거의 비례하는 경우에 사용된다.

② **직접 재료비 기준법** 소재비, 구입 부품비 등 직접 산정하는 것이 용이한 재
료비를 기준으로 하는 방법이다. 이 방법은 재료의 구입 가격이 수요와 공급
의 변동에 영향을 받기 때문에 정확한 기준이라고는 할 수 없지만, 직접 재
료비가 차지하는 비율이 높은 경우에 사용된다.

③ **직접비 기준법** 직접 재료비, 직접 노무비 및 직접 경비의 합계액을 기준으로
하는 방법이다. 이 방법은 절차가 간단하지만 반드시 적정 기준이라고는 할
수 없다.

(ii) 시간을 기준으로 한 것

① **직접 노동시간 기준법** 제품 생산에 직접 관련된 노동시간을 기준으로 하는
방법이다. 즉, 어떤 제조 부문에서 일정 기간 동안에 사용된 간접비의 총액
을 직접 노동의 총 시간수로 나눠서, 직접 노동 1시간당 간접비를 구하고,
이것에 각 제품의 제조에 소요된 직접 노동시간을 곱해서 할당 금액을 구한

다. 이 방법이 반드시 적정하다고는 할 수 없지만 일반적으로 많이 사용되고 있다.

② **기계 가동시간 기준법** 기계 사용시간을 기준으로 하는 방법이다. 즉, 기계별로 할당된 간접비를 같은 기간 중의 총 운전 시간수로 나누고, 이것에 각 제품의 기계 가동시간수를 곱해 할당액을 구한다. 이 방법은 간접비 중에서 감가상각비, 운전비, 수리비 등이 차지하는 비율이 높은 경우에 사용된다.

(2) 종합원가계산

일정 기간 동안 발생한 모든 제품의 원가총액을 산출하고 그 기간 동안 제품의 생산 수량으로 나눠서 제품 1단위당 원가를 계산하는 방법으로, 같은 종류 또는 소품종의 제품을 다량으로 연속 생산할 경우에 사용된다. **종합원가계산**에는 표 11-2와 같은 종류가 있다.

|표 11-2| 종합원가계산의 종류

종류	특징	기업 예
단순종합원가계산	한 종류의 제품만 계통적으로 반복 생산하는 경우	시멘트업, 방적업, 양조업
등급별 종합원가계산	같은 종류이지만 형상, 크기, 품질 등을 다르게 하는 몇 개의 제품을 등급별로 반복해서 연속 생산하는 경우	제철업
조별 종합원가계산	종류나 규격 등이 다른 몇 개의 제품을 조별로 연속 생산하는 경우	전기기기
공정별 종합원가계산	두 개 이상으로 구분할 수 있는 공정을 통해 연속 생산하는 경우	기계 가공업
연속 생산품 종합원가계산	동일한 재료, 공정에서 다른 종류의 제품을 연속 생산하는 경우	석유 산업, 가스 제조업

단순종합원가계산의 경우에서는, 1공장 1제품의 생산이기 때문에, 개별 생산과 비슷하지만, 계산 구분이 종합원가인 경우는 기간별이며, 개별원가인 경우는 로트별이다. 따라서, 개별계산에서는 각 비용 항목별로 모든 것을 세밀하게 산출할 필요가 있지만, 종합계산에서는 그 기간 동안 제조원가의 총계를 알면 된다. 단, 연속 생산을 도중에 구분 짓기 때문에 제품에 따라서는 재공품이 나올 수 있으므로, 이 경우에는 그 기간에 발생한 총원가를 제품 원가와 구입 원가 등으로 나누어 처리하는 절차가 필요하다. 또한, 재공품의 원가는 직접 계산할 수 없으므로 우선 재공품의 원가를 평가하고, 분기 초와 분기 말에 재공품 수량을 완성품으로 환산하여, 다음 식에 따라 제품 1단위당 원가를 계산한다.

$$제품\ 1단위당\ 원가 = \frac{분기초\ 재공품\ 잔액 + 당기제조원가 - 분기말\ 재공품잔액}{당기완성품수량}$$

(3) 그 외의 원가계산

(a) 사전·사후 원가계산

① **견적 원가계산** : 제품의 제조를 시작하기 전에 예상되는 원가를 견적내는 방법.

② **표준 원가계산** : 제품의 제조를 시작하기 전에 과학적, 통계적인 조사에 의거하여 표준이 되는 원가를 정하는 방법.

③ **실제 원가계산** : 제품의 제조에 의해 실제로 발생한 원가를 계산하는 방법.

이상을 시기에 따라 분류하면, ①과 ②을 사전 원가계산이라고 하고, ③을 사후 원가계산이라고 한다. 이것들의 차이를 분석하여 원가절감의 개선 대책 자료로 활용할 수 있다.

(b) 직접 원가계산

원가를 고정비와 변동비로 나누어 제품원가를 변동비만으로 산정하는 방법이다. 그림 11-4 및 그림 11-2와 같이, 변동비와 순이익이 매출액에 비례하고, 조업도와 원가와의 관계가 명확하므로 장기 계획에는 부적합하지만 원가 인하와 이익 계획 등에 적합하다.

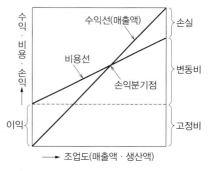

|그림 11-4| 판매액 변동비·이익과의 관계
(손익분기도표)

(c) 부문별 원가계산

제품의 원가를 결정하기 전에 기업 내 각 관계부문에서 소비한 비용을 집계하는 방법으로 관리부문(노무·자재·기획·설계·연구·시험·사무 등), 제조부문, 보조 부문(동력·수리·용수·공구·운반·검사 등)의 각 부문마다 원가를 계산한다. 외주의 필요·불필요나 각 부문에 대한 관리 자료 등으로 이용된다.

감가상각

1 감가상각이란

자본에 상응하는 재산을 자산이라고 하며, 공장에서의 건물이나 기계·설비를 고정자산이라고 한다. 이 고정자산은 세월이 흐르거나 사용하면서 점차 그 기능이 저하되거나 구식이되어 경제적인 가치가 낮아지게 된다. 이렇게 가치가 떨어지는 것을 **감가**라고 한다. 감가는 기업을 운영하기 위해 발생하는 손실이며 또는 경비라고도 생각할 수 있으므로, 그 액수는 제조원가의 일부로서 회수해야 한다. 또한 올바르게 자산을 나타내기 위해서는 감가되는 자산을 장부에서 공제하는 것이 필요하다. 감가에 해당하는 비용을 회계기간마다 고정자산의 장부가격에서 공제, 손실액으로 계상하는 회계 상의 절차를 **감가상각**이라고 한다. 최근에는 생산 기술이 급속도로 발달하고 기계와 시설이 고급화되면서 원가에서 차지하는 감가상각비의 비율이 점차 증가하고 있다.

2 감가상각의 방법

감가상각의 산출 방법은 여러 가지 있지만 세법상에 정해져 있는 것으로 정액법과 정률법이 있다. 단, 자산의 취득 가격(구매 당시의 가격)을 C, 잔존 가격(판매 당시의 가격)을 S, 내용 연수를 n으로 한다.

내용연수란, 기계나 설비와 같은 고정자산을 사용할 수 있는 연수를 말하며, 물리적, 경제적, 법적의 관점에서 본 내용연수가 있다. 일반적으로 기업에서는 물리적, 경제적 양면을 반영한 법적 규정을 기준으로 내용연수를 정하고 있다.

(1) 정액법

매 분기 말에 상각되지 않은 잔고에서 일정한 액수를 상각해 나가는 방법으로, 매 분기의 감가상각액 D는 다음의 식으로 나타낸다.

$$D = \frac{C-S}{n} \qquad\qquad (11 \cdot 1)$$

(2) 정률법

매 분기 말의 상각되지 않은 잔고에 일정률을 곱해서 상각액을 산출해 상각액수를 점차 감소시켜 가는 방법으로, 상각률 i는 다음 식으로 나타낸다.

$$i = 1 - \sqrt[n]{\frac{S}{C}} \qquad\qquad (11 \cdot 2)$$

제1기의 미상각 잔액은 $C(1-i)$, 제2기는 $C(1-i)^2$, n분기말 미상각 잔액은 $C(1-i)^n$이 되고, $C(1-i)^n = S$가 된다. 이 식에서 식 (11 · 2)이 구해진다.

감가상각이 필요한 고정자산에는 유형 고정자산(토지, 건물, 설비, 기계 등)과 무형 고정자산(특허권, 지상권(다른 사람의 토지에서 공작물이나 수목을 소유하기 위하여 그 토지를 사용할 수 있는 물권: 역자 보충 설명 추가, 네이버 국어사전 참조) 등)이 있는데 일반적으로 유형자산의 경우에는 정액법 또는 정률법, 무형자산의 경우에는 정액법을 적용한다.

[예제 11-1]

한 대에 1,000만원 하는 공작기계를 구입하여 내용연수 10년, 잔존가격을 약 110만원으로 잡을 경우, 감가상각비를 정액법과 정률법으로 구하시오.

[풀이]

① 정액법의 경우 (11 · 1) 식에서,

$D = \dfrac{C-S}{n} = 1000 - 110/10 = 89$

그러므로, 상각비는 각 연도마다 89만원이 되므로, 10년 후에는 89×10=890만원, 이것에 잔존가격의 110만원을 더하면 구입가와 같은 금액인 1,000만원이 된다.

② 정액법의 경우 식 (11 · 2)에서,

$i = 1 - \sqrt[n]{\dfrac{S}{C}} = 1 - \sqrt[10]{\dfrac{110}{1000}} = 0.198$

그러므로, 각 연도말 상각비의 계산법을 1차년도말부터 44차년도말까지 나타내면 다음과 같다. 또한, 5차년도에서의 계산도 같은 방법으로 구할 수 있다.

1차년도말 1,000×0.198=198만원

2차년도말 1,000×(1−0.198)×0.1983=159만원

3차년도말 1,000(1−0.198)2×0.198=127만원

4차년도말 1,000(1−0.198)3×0.198=102만원

표 11-3은 첫 해말부터 10차년도 말까지의 상각액과 장부 가격을 정액법과 정률법으로 나타낸 것이다.

|표 11-3| 정액법 · 정률법에 의한 상각액(단위: 만원)

방법 / 년도	정액법			정률법		
	상각액	상각 누계	장부 가격	상각액	상각 누계	장부 가격
1	89	89	911	198	198	802
2	89	178	822	159	357	643
3	89	267	733	127	484	516
4	89	356	644	102	586	414
5	89	445	555	82	668	332
6	89	534	466	66	734	266
7	89	623	377	53	787	213
8	89	712	288	42	829	171
9	89	801	199	34	863	137
10	89	890	110	27	890	110

11-3 원가 관리

1 원가관리란

원가관리란 원가계산의 자료 등에 근거하여 합리적인 원가절감을 도모하는 관리 활동을 말한다. 여러 기법이 있지만 일반적으로는 가격을 요소별로 나눠 표준을 설정하고, 실제로 발생한 원가와 비교해서 그 차이를 관리한다.

예를 들면, 현장에서의 실제적인 관리 활동의 문제로 작업시 미숙으로 인한 손실을 줄이는 것, 가공하지 않는 기계의 공운전을 멈추는 것, 재료의 보관상태 불량에 따른 낭비를 없애는 것 등의 개선 조치를 취하는 관리 활동에 의해 실제로 발생하는 원가를 표준에 가깝게 할 수 있다.

2 원가관리의 방법

일반적으로 표준을 설정하기 위해서는 표준원가를 사용한다. 표준원가란 제품 제조에 필요한 재료와 작업시간 등의 소비량을 제조하기 전에 과학적, 통계적으로 측정하고 이를 화폐가치로 환산하여 구한 원가이다.

표준원가는 직접비와 간접비로 나누어 다음과 같이 산출한다.

$$표준\ 직접\ 재료비 = 표준가격 \times 표준\ 소비량$$
$$표준\ 직접\ 노무비 = 표준임금 \times 표준\ 작업시간$$
$$표준\ 간접비 = 표준\ 조업도\ 경우의\ 간접비$$

원가관리의 절차는 일반적으로 다음과 같다.

❶ 표준원가를 각 제품 단위 및 각 관리 부문별로 설정한다.

❷ 각 부문의 관리 책임자에게 표준원가를 제시하고 활동 목표를 할당한다.

❸ 각 관리자는 실적을 표준에 근접하도록 생산 활동을 지휘한다.

❹ 적당한 기간을 두고 원가계산 부문에서 실적을 계산한다.

❺ 표준과 실적을 비교해서 그 차이를 분석하고 원인을 규명한다.

❻ 분석 결과를 바탕으로 적절한 개선 조치를 하고 향후 표준 설정과 합리적인 관리를 실시하기 위한 자료로 활용한다.

11-1 한 대에 2,000만원 하는 새로운 설비를 구입할 때, 내용연수를 10년으로 하고, 잔존 가격을 약 200만원으로 잡을 경우, 감가상각비를 정액법과 정률법으로 각각 구하여라.

제12장 정보 처리

기업의 규모가 점차 커지고 조직이 복잡해지면 기업 활동에 수반되는 정보를 원활하게 전달하는데도 어려움이 따르게 된다. 이렇게 복잡한 정보를 신속하고 정확하게 처리하기 위한 목적으로 동작 속도가 빠른 대규모 집적회로(LSI)를 조합해 실용화한 컴퓨터(electronic computer)가 사용되고 있다.

12-1 컴퓨터의 구성

컴퓨터는 인간의 능력을 확대하려고 고안된 것으로 그 기능도 인간과 매우 유사하다. 인간은 눈, 귀 등으로 외부로부터 정보를 받아들여 뇌신경계에서 기억, 판단, 제어하고 손, 입 등을 통해 외부로 정보를 전달한다. 컴퓨터도 많은 정보를 입력하여 기억하며, 기억한 것을 조사해서 찾고(**검색**이라고 함) 논리를

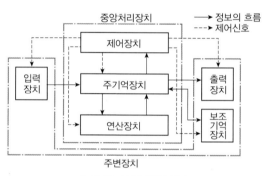

|그림 12-1| 컴퓨터의 구조

판단하거나 복잡한 계산을 실행하여 외부로 전달한다.

이러한 처리는 신속하고 정확하게 이루어진다. 컴퓨터의 구성은 그림 12-1에 나타낸 것처럼, 크게 나누면 입력, 기억, 연산, 제어, 출력 등 5가지 장치로 되어 있다.

일반적으로 연산장치와 제어장치를 합쳐 중앙처리장치(central processing unit : CPU)라고 하며, 소형 컴퓨터에서는 기억장치를 중앙처리장치에 포함시키고 있는 것도 있다. 각 장치의 기능은 다음과 같다.

1 입력장치

제어장치의 명령을 받아, 데이터나 프로그램(처리 순서)을 기억장치에 판독하는 장치로, 주로 문자를 입력하는 키보드, 광학식 판독기(OCR), 도형용 마우스, 태블릿, 화상용 이미지 스캐너 등이 있다.

2 출력장치

제어장치로부터 명령을 받아 처리 결과 등을 표시하는 장치로, 기억 내용을 지면에 기록하는 인쇄장치(프린터)와 도형이나 그래프를 그리는 작도 장치(플로터)가 있으며, 기록이 남지 않는 출력 형식으로는 모니터(디스플레이), 인공적인 합성 음성으로 응답 내용을 출력하는 음성응답장치 등이 있다. 또한, 플로터나 대형 프린터는 설계 제도에서 자동 제도용 출력장치로도 사용된다.

3 주기억장치(메인 메모리)

입력장치에서 읽어 들인 데이터와 프로그램 또는 연산 결과를 기억하는 장치이다. 정보를 저장하는 기억 매체에는 LSI가 사용되고 있다.

한 변이 수 밀리인 사각형 기판에 트랜지스터나 저항기 등의 작용을 하는 다수의 소자를 이식한 것을 IC(집적회로)라고 하며, 소자의 집적 수가 1000개 이상인 것을 LSI(large scale integration circuit: 대규모 집적회로)라고 한다. 또한, 소자 수가 10만개 이상인 것을 VLSI라고 한다.

4 연산장치

제어장치의 명령과 주기억장치의 정보를 받아 사칙연산이나 논리연산 등을 수행하는 장치이다.

5 제어장치

기억장치에 기억되어 있는 프로그램을 꺼내어 그 내용을 해독하고 다른 각 장치에 제어신호를 보내 명령하는 장치이다.

그림 12–1에도 나타내는 바와 같이, 중앙 처리 장치에 포함되어 있지 않은 기억 장치를 **보조기억장치**라고 하며, 자기 테이프, 자기 디스크 및 광디스크 등이 사용되고 있다. 또한, 입력장치, 출력장치, 보조기억장치 등을 **주변장치**라고 한다. 주기억장치와 각종 주변장치와의 데이터 교환은 **인터페이스**(interface)를 통해 이루어진다.

이러한 컴퓨터의 장치나 기기 자체를 가리켜 **하드웨어**(hardware)라고 하고, 장치에 사용되는 프로그램을 **소프트웨어**(software)라고 한다.

1 2진법

컴퓨터 정보 처리 방식의 기본적인 개념은 전류가 흐르는 경우(on)와 흐르지 않는 경우 (off)의 두 가지 상태가 이용되고 있다. 전기가 흐르는 경우를 1, 흐르지 않는 경우를 0으로 나타내면 전기 회로 중 신호를 0과 1로 나타낼 수 있다. 이와 같이 2개의 숫자 0과 1을 이용하여 수를 나타내는 방법을 2진법이라고 한다.

(1) 2진수

2진법으로 나타난 수를 2진수라고 하며, 일반적으로 이용되고 있는 10진법의 수(10진수)와의 관계는 표 12-1과 같다.

|표 12-1| 2진수와 10진수

10진수	0	1	2	3	4	5	6	7	8	9	10	11	12
2진수	0	1	10	11	100	101	110	111	1000	1001	1010	1011	1100

10진법의 덧셈에서는, 9+1=10식으로, 1자릿수의 숫자가 9를 넘어서면 자릿수 올림해서 10이라는 숫자가 된다. 1+1은 10진법에서는 2가 되지만, 2진법에서는, 1자리 숫자가 1을 넘으므로 자릿수 올림해서 10이라는 2진수로 나타나게 된다. 즉, 3은 10+1=11, 4는 2자릿수 모두 자리 올림해서 11+1=100이 된다. 즉, 10진수의 4는 2진수로는 100으로 표현된다.

10진수와 2진수에서 각 자릿수가 나타내는 값의 크기를 지수로 비교하면, 표 12-2와 같이 된다.

|표 12-2| 2진수와 10진수에서 각 자릿수 값의 비교

자릿수의 위치	1000의 자리	100의 자리	10의 자리	1의 자리
10진수	$1000=10^3$	$100=10^2$	$10=10^1$	$1=10^0$
2진수	$8=2^3$	$4=2^2$	$2=2^1$	$1=2^0$

(a) 2진수를 10진수로 고치는 방법

일반적으로 이용되고 있는 10진법은 표 12-2에도 나타낸 것처럼, 숫자의 위치에 따라 자릿수를 정해 표시한다. 예를 들면, 123이라는 10진수는 다음과 같은 의미를 갖고 있다.

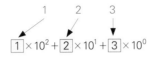

같은 방식으로, 2진수 1011을 10진수로 나타내면, 다음과 같다.

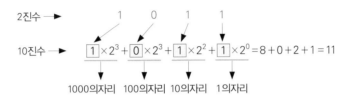

(b) 10진수를 2진수로 고치는 방법

10진수를 2진수로 고치는 것은 10진수를 2로 나눈 후, 그 몫을 2로 나누어 나머지를 구한다. 이 계산을 몫이 0이 될 때까지 순차적으로 계속하고, 그 나머지의 배열을 역순으로 읽어 2진수를 구한다. 예를 들면, 10진수의 28을 2진수로 변환하려면 표 12-3과 같이 구한다.

|표 12-3| 10진법을 2진법으로 고친 계산법

2로 나눈다	몫	나머지	
$\dfrac{28}{2}$	14	0	———— 최상위수 ————
$\dfrac{14}{2}$	7	0	
$\dfrac{7}{2}$	3	1	
$\dfrac{3}{2}$	1	1	
$\dfrac{1}{2}$	0	1	———— 최하위수 ————
		2진수	11100

즉, 답은 $[28]_{10} = [11100]_2$ 이다. 이 답이 맞는지 확인하기 위해 역변환하여 비교하면, 다음과 같다.

$$\boxed{1} \times 2^4 + \boxed{1} \times 2^3 + \boxed{1} \times 2^2 + \boxed{0} \times 2^1 + \boxed{0} \times 2^1 + \boxed{0} \times 2^0 = 16+8+4+0+0 = [28]_{10}$$

2진수와 10진수를 숫자로 비교하면, 2진수의 수가 훨씬 크지만, 2진수는 0과 1만으로 나타내기 때문에 수를 다루는 방법이 간단하다.

예를 들어 전구가 켜져 있는가(1), 꺼져 있는가(0), 회로 중의 전기 신호가 ON(켜짐)인가(1), OFF(꺼짐)인가(0) 등 전기와 관계된 것에서는 스위치의 점멸만으로도 나타낼 수 있다.

(2) 사칙 연산

2진수로 사칙 연산을 할 때에는 덧셈이 기초가 되지만, 10진법과 같은 개념으로 계산할 수 있다.

(a) 덧셈

다음 4가지 경우의 조합에 따라 계산할 수 있다.

A+B의 계산 ① 0+0=0, ② 0+1=1

③ 1+0=1, ④ 1+1=10

A	B	A+B
0	0	0
0	1	1
1	0	1
1	1	1
		10
		↑

자릿수 올림 숫자

|표 12-4| 2진수의 덧셈

④의 경우는, 더해서 2가 되면 위의 자릿수에 1이 올려지고, 1의 자릿수는 0이 된다. 이상을 표로 정리하면, 표 12-4와 같다. 이러한 계산 방법으로 다음 예제와 같은 2진수의 덧셈과 검산을 해보자.

예1
$$\begin{array}{r} 00101 \\ +10010 \\ \hline 10111 \end{array} \quad \left[\begin{array}{r} 5 \\ +18 \\ \hline 23 \end{array}\right]_{10}$$

(검산) 2진수를 10진수로 고치면 다음과 같다.

$00101 \rightarrow 0 \times 2^4 + 0 \times 2^3 + 1 \times 2^2 + 0 \times 2^1 + 0 \times 2^0$

$\qquad = 0+0+4+0+1 = 5$

$10010 \rightarrow 1 \times 2^4 + 0 \times 2^3 + 0 \times 2^2 + 1 \times 2^1 + 0 \times 2^0$

$\qquad = 16+0+0+2+0 = 18$

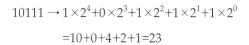
$$10111 \rightarrow 1 \times 2^4 + 0 \times 2^3 + 1 \times 2^2 + 1 \times 2^1 + 1 \times 2^0$$

$$= 10 + 0 + 4 + 2 + 1 = 23$$

[예2]

$$
\begin{array}{rr}
1100100 & 100 \\
+1011100 & +\ 92 \\
\hline
11000000 & 192
\end{array}
$$ ₁₀

(검산)

$$1100100 \rightarrow 1 \times 2^6 + 1 \times 2^5 + 0 \times 2^4 + 0 \times 2^3 + 1 \times 2^2 + 0 \times 2^1 + 0 \times 2^0$$

$$= 64 + 32 + 0 + 0 + 4 + 0 + 0 = 100$$

$$1011100 \rightarrow 1 \times 2^6 + 0 \times 2^5 + 1 \times 2^4 + 1 \times 2^3 + 1 \times 2^2 + 0 \times 2^1 + 0 \times 2^0$$

$$= 64 + 0 + 16 + 8 + 4 + 0 + 0 = 92$$

$$11000000 \rightarrow 1 \times 2^7 + 1 \times 2^6 + 0 \times 2^5 + 0 \times 2^4 + 0 \times 2^3 + 0 \times 2^2 + 0 \times 2^1 + 0 \times 2^0$$

$$= 128 + 64 + 0 + 0 + 0 + 0 + 0 + 0 = 192$$

(b) 뺄셈

뺄셈은 보수를 사용하는 경우와 윗자리 수에서 빌리는 경우가 있다. 여기서 보수란, 주어진 수를 어떤 특정수로 뺀 값을 말한다. 2진수에서는 각 자릿수를 바꾸는 수와 그 가장 아래 자리에 1을 더한 값에 해당한다. [예] 특정수를 111, 1000이라고 하면, 101의 보수는 010과 011이다. 이 경우, 010을 **1의 보수**, 011을 **2의 보수**라고 하여 구별한다.

(i) 보수를 이용한 경우 뺄셈

다음의 [예1]에 나타낸 바와 같이, 감수(subtrahend)를 1의 보수로 고쳐서 피감수(minuend)에 더해, 거기에 1을 더하면 된다. 또한, 피감수보다도 감수의 값이 클 때는 [예2]처럼 하면 된다.

[예1]

$$
\begin{array}{r}
10110 \\
-\ 01010 \\
\hline
\end{array}
\xrightarrow[\text{(보수)}]{\text{1의}}
\begin{array}{r}
10110 \\
+\ 10101 \\
\hline
101011
\end{array}
\begin{pmatrix}
22 \\
-10 \\
\hline
12
\end{pmatrix}_{10}
$$

→ 1 ······ 자리 올림하여 1을 쓴다.

01100 ······답

예 2

$$\begin{array}{r} 1\,1\,1\,0\,0 \\ -\ 1\,1\,1\,1\,0 \end{array} \xrightarrow{\left(\begin{smallmatrix}1의\\보수\end{smallmatrix}\right)} \begin{array}{r} 1\,1\,1\,0\,0 \\ +\ 0\,0\,0\,0\,1 \\ \hline 1\,1\,1\,0\,1 \end{array} \left.\begin{array}{r} 28 \\ -30 \\ \hline -2 \end{array}\right]_{10}$$

$$-\ 0\,0\,0\,1\,0\ \cdots\cdots\text{답}$$

$$\left(\begin{array}{l}\text{자리 올림이 없는 경우, 답은}\\ \text{음수가 되고, ⓐ의 보수에 음의}\\ \text{기호를 붙인 값이 답이 된다.}\end{array}\right)$$

(ii) 위 자릿수에서 빌린 경우

[피감수가 0일 때의 계산법]

[10진법]
$$\begin{array}{r} 10 \\ -\ 1 \\ \hline 9 \end{array}\ , \quad \begin{array}{r} 100 \\ -\ 1 \\ \hline 99 \end{array} \left(\begin{array}{l}\text{위 자릿수에서 1을 빌린다.}\\ \text{이 1은 아래 자릿수에서는}\\ \text{10에 해당한다.}\end{array}\right)$$

[2진법]
$$\begin{array}{r} 10 \\ -\ 1 \\ \hline 1 \end{array}\ , \quad \begin{array}{r} 100 \\ -\ 1 \\ \hline 11 \end{array} \left(\begin{array}{l}\text{위 자릿수에서 1을 빌린다.}\\ \text{이 1은 아래 자릿수에서는}\\ \text{2에 해당한다.}\end{array}\right)$$

예 3

$$\begin{array}{r} 1\,0\,1\,0\,1\,1\,1 \\ -\ 0\,1\,1\,0\,1\,0\,1 \\ \hline 0\,1\,0\,0\,0\,1\,0 \end{array} \left.\begin{array}{r} 87 \\ -53 \\ \hline 34 \end{array}\right]_{10}$$

(c) 곱셈

다음 4가지 경우의 조합에 따라 계산한다.

A×B의 계산

① $0 \times 0 = 0$

② $0 \times 1 = 1$

③ $1 \times 0 = 0$

④ $1 \times 1 = 1$

A	B	A×B
0	0	0
0	1	0
1	0	0
1	1	1

|표 12-5| 2진수의 곱셈

이상을 표로 나타내면, 표 12-5와 같이 된다.

예 1

$$\begin{array}{r} 1\,0\,1\,1 \\ \times\quad 1\,0\,1 \\ \hline 1\,0\,1\,1 \\ 0\,0\,0\,0\quad \\ 1\,0\,1\,1\quad\quad \\ \hline 1\,1\,0\,1\,1\,1 \end{array} \left.\begin{array}{r} 11 \\ \times\ 5 \\ \hline 55 \end{array}\right]_{10}$$

$$\begin{array}{r} 1\,1\,0\,1\,0 \\ \times\quad 1\,0\,1 \\ \hline 1\,1\,0\,1\,0 \\ 0\,0\,0\,0\,0\quad \\ 1\,1\,0\,1\,0\quad\quad \\ \hline 1\,0\,0\,0\,0\,0\,1\,0 \end{array} \left.\begin{array}{r} 26 \\ \times\ 5 \\ \hline 130 \end{array}\right]_{10}$$

(d) 나눗셈

10진법의 나눗셈처럼 피제수(dividend)에서 제수(divisor)를 나눈다.

예 1

$$
\begin{array}{r}
101 \\
101\overline{)11001} \\
-\ 101 \\
\hline
00101 \\
101 \\
\hline
0
\end{array}
\left[
\begin{array}{r}
5 \\
5\overline{)25} \\
25 \\
\hline
0
\end{array}
\right]_{10}
\qquad
\begin{array}{r}
1100 \\
110\overline{)1001000} \\
-\ 110 \\
\hline
00110 \\
-\ 110 \\
\hline
0
\end{array}
\left[
\begin{array}{r}
12 \\
6\overline{)72} \\
6 \\
\hline
12 \\
12 \\
\hline
0
\end{array}
\right]_{10}
$$

2 논리 회로

컴퓨터가 2진법으로 정보의 제어나 연산을 할 때는 스위치의 작용을 응용한 논리 회로가 이용된다. 논리 회로란 사고의 과정을 논리적으로 처리할 수 있도록 구성된 전기 회로를 말하는데 인간의 두뇌에 해당한다. 논리 회로에는 흐르는 전류를 제어하기 위한 기본적인 회로로서 AND 회로, OR 회로, NOT 회로가 있다. AND는 곱셈과 유사하여 논리적, OR은 덧셈과 유사하기 때문에 논리합이라고도 하며, NOT는 부정을 의미한다.

(1) AND 회로

그림 12-2에 나타낸 것처럼, 스위치 A와 B를 직렬로 연결한 회로로 A와 B 양쪽이 모두 닫혀 있을 경우에만 램프 C에 전류가 흐른다. 지금 스위치가 닫혀 있는 상태를 0, 열려 있는 상태를 0, C에 전류가 흘러서 램프가 켜져 있는 상태를 1, 램프가 꺼져 있는 상태를 1으로 나타내면, 그 관계는 (d)표와 같이 된다.

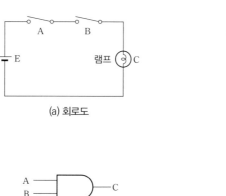

(a) 회로도

(b) KS 기호

(c) 일반적으로 사용되고 있는 MIL(미국 군용 규격) 기호

A	B	C
0	0	0
0	1	0
1	0	0
1	1	1

(d) AND 회로의 관계표

|그림 12-2| AND 회로

A, B와 C의 관계를 식으로 나타내면 다음과 같다.

$$C = A \cdot B \ (0 \cdot 0 = 0, \ 0 \cdot 1 = 0, \ 1 \cdot 0 = 0, \ 1 \cdot 1 = 1)$$

(2) OR 회로

그림 12-3과 같이 스위치 A, B를 병렬로 연결한 회로에서 A, B 중 적어도 한쪽이 닫혀 있으면 전류가 흘러 램프 C가 켜진다.

A, B와 C의 관계를 식으로 나타내면 다음과 같다.

$$C = A + B \ (0 + 0 = 0, \ 0 + 1 = 1, \ 1 + 0 = 1, \ 1 + 1 = 1)$$

여기에서, '+'는 OR(또는)를 의미하는 것이므로, 위 식에서 ( ) 안의 1+1=1이라는 연산은 일반적인 덧셈과 다르다. 즉, 같은 회로에 있는 두 개의 스위치를, 두 사람이 동시에 닫았을 경우, (1+1)이라도 전구는 하나이기 때문에 램프 C의 점등은 1이 되는 것을 나타내고 있다.

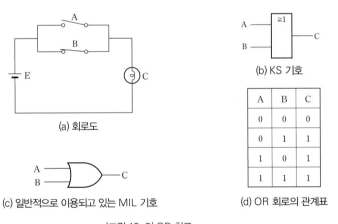

(a) 회로도

(b) KS 기호

(c) 일반적으로 이용되고 있는 MIL 기호

(d) OR 회로의 관계표

|그림 12-3| OR 회로

(3) NOT 회로

그림 12-4와 같이, 스위치 A를 닫으면 위쪽 회로에서 전자석이 작동해서 스위치 B를 연다. A를 열면 스위치 B는 닫히고, 아래쪽 회로에 전류가 흘러 램프 C가 점등한다.

A와 C의 관계를 식으로 나타내면 다음과 같다.

$$C = \overline{A} \qquad (\overline{1} = 0, \overline{0} = 1)$$

또한 NOT A는 A의 부정을 의미하는데 이것을 기호로는 $\overline{A}$, A′ 등과 같이 나타낸다.

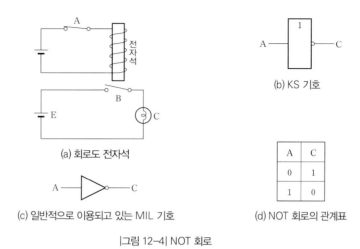

(a) 회로도 전자석

(b) KS 기호

(c) 일반적으로 이용되고 있는 MIL 기호

(d) NOT 회로의 관계표

|그림 12-4| NOT 회로

(4) 논리 회로의 조합

세 개의 기본 회로인 AND, OR, NOT을 바탕으로 여러 가지 논리 회로가 조합되기 때문에 이것들을 컴퓨터에 이용할 수 있다. 논리 활동에서 중요한 것으로 연산이 있는데 그림 12-5(a)은 **반가산기**(half adder)라고 하는 회로를 나타낸 것이다. 이것은 AND, OR, NOT의 기본 회로 구성을 통해 연산 회로의 기초가 되는 것으로 회로 A, B의 합을 S, 자리 올림을 K라고 하면, 2진수의 1자리 덧셈이 가능하다. 이들 입력 A, B 와 출력 S, K의 관계를 회로도중의 C, D, E 등도 포함하여 그림 (b)의 표에 정리하였다.

완전한 덧셈을 위해서는 아래 자릿수에서 오는 자리 올림도 처리해야 하기 때문에 세 가지의 입력이 필요하다. 이것을 **전가산기**(full adder)라고 하며, 그 구성은 그림 12-6에 나타낸 것과 같다.

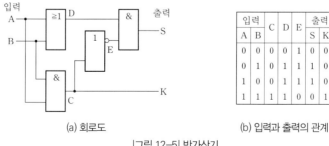

(a) 회로도

(b) 입력과 출력의 관계

입력		C	D	E	출력	
A	B				S	K
0	0	0	0	1	0	0
0	1	0	1	1	1	0
1	0	0	1	1	1	0
1	1	1	1	0	0	1

|그림 12-5| 반가산기

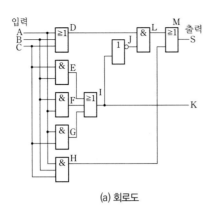

입력			출력	
A	B	C	S	K
0	0	0	0	0
0	0	1	1	0
0	1	0	1	0
0	1	1	0	1
1	0	0	1	0
1	0	1	0	1
1	1	0	0	1
1	1	1	1	1

(a) 회로도   (b) 입력과 출력의 관계

[주] C : 아래 자릿수에서의 자리 올림 K : 위 자릿수에의 자리 올림

|그림 12-6| 가산기에 의한 계산 순서

이 가산기를 이용하여 A+B=5+7=12를 2진수로 덧셈을 해본다. 즉, 이 10진수를 2진수로 바꾸면 101+111=1100이며, 가산기에 의한 계산 순서는 그림 12-7과 같다.

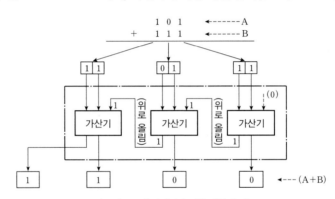

|그림 12-7| 가산기에 의한 계산 순서

3 비트

2진법에서 0인지 1인지의 한 자릿수를 결정하는 정보를 비트(bit)라고 한다. 1인지 0인지는 YES인가 NO인가로 바꿔서 생각해도 좋으며 이것은 정보의 최소 단위를 의미한다.

1비트에서는 0과 1처럼 두 개의 상태밖에 구별 못 하지만, 2비트에서는 (0, 0), (0, 1), (1, 0), (1, 1)처럼 네 가지 상태로 나눠지고 3비트에서는, 표 12-6에 나타낸 것처럼 8개의 상태로 나타낼 수 있다. 즉, n비트는 2^n개의 상태로 되는 것을 알 수 있다.

1비트	2비트	3비트
(0)	(00)	(000)
		(001)
	(01)	(010)
		(011)
(1)	(10)	(100)
		(101)
	(11)	(110)
		(111)

|표 12-6| 비트

컴퓨터에서는 한 글자를 8비트로 나타내는 것이 많아서 일반적으로 8비트를 1바이트(byte)라고 하며, $2^8=256$개의 상태를 나타낼 수 있다.

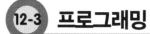

12-3 프로그래밍

1 프로그래밍이란

컴퓨터가 연산이나 제어에 의해서 문제를 풀 때, 이러한 작업을 명령하기 위해서 필요한 실행의 순서를 **프로그램**(program)이라고 한다. 또한, 이 프로그램을 만드는 작업을 **프로그래밍**(programming)이라고 한다. 프로그래밍은 컴퓨터에 계산 절차를 지시하는 것으로 매우 중요한 일이다.

2 흐름도

컴퓨터의 처리 순서를 나타내는 것은 글로 작성하는 것보다 도식화하는 것이 한 눈에 알 수 있고, 프로그램의 내용을 더욱 명확하게 하여 그 오류의 여부를 확인할 수도 있다. 즉, 그림 12-8과 같이 일정하게 정해진 기호에 의해, 프로그램의 처리순서를 나타낸 그림을 **흐름도** 또는 **플로차트**(flow chart)라고 한다.

|그림 12-8| 흐름도 기호의 예

터미널
흐름도의 시작과
끝을 나타낸다.

판단
기호 안에 기재된 조건에
따라 출구 선택을 판단한다.

데이터
입출력에 이용되는 모든
종류의 데이터를 나타낸다.

처리
모든 종류의
처리 기능을 나타낸다.

흐름선
기호와 기호를 연결하여
그 흐름을 나타낸다.

문서
글자나 서류 등 사람이 읽을
수 있는 데이터로 나타낸다.

일상적인 예로서, 횡단보도를 건널 때의 동작을 분석하고 흐름도를 작성해 보면 그림 12-9와 같이 된다. 그림에서 각 동작이 흐르는 방향은 왼쪽에서 오른쪽으로, 위에서 아래로 가는 것을 원칙으로 하고, 이 이외의 방향을 나타내는 경우는 진행하는 선의 끝에 화살 표시를 한다. 그리고 처음에 신호를 보고 파랑이 나오고 있지 않을 때는 다시 신호를 재검토하고 같은 동작을 반복하게 되는데, 이러한 반복 처리를 **루프**(loop)라고 한다.

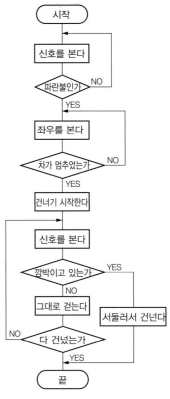

|그림 12-9| 횡단보도를 건널 때 흐름도의 예

3 프로그래밍 순서

프로그램 작성은 일반적으로 다음과 같은 순서로 진행된다.

❶ 작업의 결정

컴퓨터로 처리할 수 있는 작업의 내용은 여러 가지가 있고 그 종류에 따라 분석 방법이 달라지므로 우선 문제로 하는 작업의 내용을 명확히 할 필요가 있다.

❷ 문제의 분석 및 정리

문제가 되는 작업을 조사·분석해서 필요한 정보를 모아 컴퓨터에서 무엇을 처리시킬 것인가 또한, 처리 효과는 무엇인가를 분명히 하고, 처리되는 작업을 시스템화하여 데이터의 입력과 출력의 내용 및 처리 순서를 결정한다. 여기서, **시스템화**란 작업을 규칙에 맞춰 질서 있는 상태로 만드는 것으로, 컴퓨터 자체가 대표적인 시스템이기 때문에 처리되는 작업도 시스템 상태에 있는 것이 필요조건이 된다. 문제를 처리하고 해결하기 위한 일련의 절차를 **알고리즘**(algorithm)이라고 한다.

❸ 흐름도의 작성

알고리즘을 그림 12-8에 나타낸 기호를 이용해서 흐름도로 나타낸다.

❹ 코딩

흐름도에 나타난 처리 순서를 프로그램 언어로 작성하여 나타내는 것을 **코딩**(coding)이라고 한다.

❺ 프로그램의 기록

코딩된 프로그램 언어를 키보드로 작성하여 기억매체에 기록해서 컴퓨터에 입력한다. 이 작업을 **데이터 엔트리**(data entry)라고 한다.

❻ 프로그램의 번역

번역용 프로그램을 이용하여 컴퓨터가 이해할 수 있는 기계어로 변환하는 것이다. 이 번역 프로그램을 사용하는 프로그램 언어에 따라 **어셈블러**(assembler)나 **컴파일러**(compiler)라고 하며, 기계어로 번역하는 작업을 **어셈블**이나 **컴파일**이라고 한다.

번역할 때 프로그램 언어에 **문법상 오류**가 있을 때는 번역 프로그램에서 오류가 있음을 알려주므로, 코딩을 수정해서 컴파일을 다시 한다. 이 작업을 **디버그**(debug)라고 부르며, 디버그하는 것을 **디버깅**(debugging)이라고 한다.

❼ 프로그램 테스트

테스트 데이터를 사용해서 프로그램이 실제로 컴퓨터에서 연산되어 정확한 결과를 얻을 수 있는지 여부를 테스트한다. 이 작업을 **테스트 런**(test run)이라고 한다. 테스트 결과, 기대만큼의 출력을 얻지 못하였다면, 그 원인을 조사하여 프로그램의 오류 부분을 찾아 수정한다. 이러한 원인은, 처리 순서나 해법 오류에 의해서 발생하고 이 오류를 수정하는 작업도 디버깅이라고 한다.

프로그램의 순서를 흐름도로 나타내면 그림 12-10과 같이 된다.

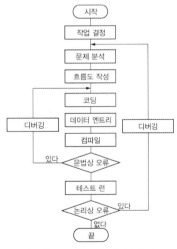

|그림 12-10| 프로그래밍의 순서

4 프로그램 언어

컴퓨터가 직접 이해할 수 있는 프로그램 언어는 기계어지만, 기계어는 인간이 매우 알기 어렵고, 쓰기 어렵기 때문에, 이것을 보완하는 것으로서 기계어 이외에 인간이 이해하기 쉬운 각종 프로그램 언어가 고안되고 있다.

(1) 기계어(machine language)

컴퓨터 자신이 직접 사용하는 언어로 모두 0과 1(2진법)로 표현된다. 인간이 이해하기 쉬운 각종 프로그램 언어도 번역 프로그램에 의해 기계어로 변환된다. **기계어**의 명령 표시는 컴퓨터의 기종에 따라 다르다.

(2) 어셈블러 언어(assembler language)

최초에 만들어진 기계어에 가장 가까운 프로그램 언어로, 명령과 표시를 머리글자나 기호 등으로 작성한다. 메모리를 절약할 때 유용하다.

(3) 고급 언어(high level language)

보다 더 인간의 언어에 가까운 형태로 된 프로그램 언어로, 다음과 같이 크게 세 가지로 분류된다.

(a) 컴파일러 언어(compiler language)

프로그램을 모두 읽은 후 정리해 기계어로 번역하는 언어로, 문장이나 수식의 형태로 표현되어 있어 프로그램 작성이 용이하다. 과학 계산용 **포트란**(FORTRAN), 사무 계산용 **코볼**(COBOL), 과학과 사무 겸용의 **피엘원**(PL/1), 다용도의 C언어 등이 있다.

(b) 인터프리티브 언어(interpretive language)

1구간씩 기계어로 번역하면서 실행을 반복하는 대화형 언어로, 그 대표적인 것에 **베이직**(BASIC)이 있다. 이 언어의 번역용 프로그램을 인터프리터라고 한다.

(c) 목표 지향 프로그래밍 언어

컴퓨터에 대한 데이터나 조작이 용이한 언어로, 대표적인 것에 Java언어, C++등이 있다. Java 언어는 일단 컴파일러로 바이트 코드라고 하는 중간 코드 언어로 변환한 후, 그것을 Java VM(Java Virtual Machine)이라는 처리 시스템에서 인터프리티브 언어로 실행한다.

컴퓨터의 이용

1 처리 방식의 종류

컴퓨터는 데이터들을 대량으로 기억하고, 이것을 빠른 속도로 처리할 수 있어서 이용 범위가 확대되고 있다. 기업에서의 예를 들면, 설계, 생산, 판매, 인사, 재무 등 모든 영역에서 예측, 계획, 관리, 연산 등으로 그 위력을 발휘하고 있다.

컴퓨터 사용법을 데이터 처리 방식으로 분류하면 배치 처리와 실시간 처리로 나뉜다.

(1) 배치 처리(batch processing)

일괄 처리의 의미로, 컴퓨터로 처리해야 할 데이터를 기억 장치와 기억 매체에 일정 기간 저장해 두고, 일정량을 정리해서 처리하는 방식을 말한다. 하루 분량을 처리하는 일차 배치, 1개월 분량을 처리하는 월차 배치 등이 있다. 통신 회로를 사용해 실시하는 경우를 **리모트 배치 처리**(remote batch processing)라고 한다.

(2) 실시간 처리(real time processing)

즉시 처리의 의미로, 단말 장치로부터 처리 요구에 따라 데이터를 입력하면, 그 시점에서 바로 계산 처리를 해서 출력하는 방식을 말한다. 이 경우, 원격지에서 통신회선을 통해 즉시 처리를 하는 방식을 **온라인 리얼타임 처리**(on-line real time processing)라고 하며, 이러한 처리 방식에 의한 시스템을 **온라인 리얼타임 시스템**(on-line real time system) 이라고 한다. 또한, 이 방식에 속하는 것으로서 고성능의 대형 컴퓨터에 많은 단말장치를 연결해서, 많은 이용자가 공동으로 사용하는 시스템을 **타임셰어링(시간 공유)시스템**(time sharing system: TSS)이라고 한다.

여기서 **단말장치**란 컴퓨터의 본체로부터 떨어진 곳에 놓인 입출력 장치를 말하며, 통신 회선을 이용하여 본체와 연락해서 정보의 전달이나 처리를 실행한다. 생산관리에서는 공장의 각 현장에 두고, 명령의 전달이나 데이터 수집 등에 이용된다.

2 운영 체계(operating system:OS)

컴퓨터 자체를 효율적으로 조작할 수 있도록 설계된 프로그램을 말하며, 일반적으로는 간략하게 OS라고도 한다. OS의 종류에는 유닉스(UNIX), 윈도우즈(Windows), OS/2, mac OS 등이 있다.

3 어플리케이션 프로그램(application program)

응용프로그램이라고도 한다. 컴퓨터 사용자들이 특정한 업무를 처리하기 위한 프로그램을 말하며, 다음의 2종류가 있다.

(1) 유저 프로그램(user program)

컴퓨터 사용자들이 자신의 업무를 처리하기 위해서 스스로 개발해 만드는 프로그램을 말하며, 외주로 개발하기도 한다. 사용 목적에 맞는 처리가 가능하지만 개발에는 전문 기술을 갖춰야 하고 많은 시간과 비용이 필요하다.

(2) 패키지 프로그램(package program)

특정한 용도를 위하여 세트로 시판되고 있는 기성 프로그램을 말하며, 일반적으로는 **어플리케이션 패키지**(application package) 또는 **패키지 소프트웨어**(package software)라고 부른다. 정보를 입력하는 것만으로 필요한 결과를 얻을 수 있으므로 이용 가치는 매우 크다. 그 종류는 많고, 문서 작성의 워드프로세스 소프트웨어를 비롯하여 일반 회계, 급여 계산이나 데이터 관리, 그래프 작성 등의 통계 분석 이외에 CAD, 데이터베이스[11], 일정 관리, 원가 관리, 오퍼레이션즈 리서치(Operations Research, 예: 재고 관리, 파트 등), 통신 소프트웨어 등의 프로그램이 있다.

---

[11] **데이터베이스(data base)** 서로 관련된 많은 데이터를 수집하여 고도화하고, 각 업무에서 공통으로 사용할 수 있도록 보조 기억 장치에 정리한 것으로, 컴퓨터에 의한 정보의 정리, 검색, 갱신 등을 효과적으로 실시할 수 있다.

4 컴퓨터 네트워크

(1) 컴퓨터 네트워크란

여러 대의 컴퓨터를 통신회로로 연결하여 통신망(네트워크)을 형성하는 정보 전달의 통신 시스템을 **컴퓨터 네트워크**(computer network)라고 한다. 컴퓨터로만 구성될 때는, 단순히 **네트워크**라고도 한다. 이러한 네트워크를 이용함으로써 다음과 같은 효과를 기대할 수 있다.

① 하드웨어, 소프트웨어, 데이터베이스 등의 컴퓨터 자원을 공유화할 수 있으므로 중복 투자를 피해 경제성을 높인다.

② 하나의 컴퓨터에 큰 부담이 있을 때는 이를 다른 컴퓨터에 분산하고 부담의 평균화로 장치의 거대화를 막고 처리 효과를 높인다.

③ 하나의 컴퓨터가 고장이 나도 다른 컴퓨터로 전환하여 처리할 수 있으므로 시스템 전체의 신뢰성을 높인다.

(2) LAN

로컬 영역 네트워크(local area network)의 약칭으로, 구내 근거리 통신망 또는 기업 내 정보통신망으로 설명되고 있다. 동일한 기업이나 사업소 내의 컴퓨터나 입출력장치 등을 서로 접속한 사설회선의 네트워크로 기업 내 정보를 전송함과 동시에 외부 통신망에도 접속할 수 있다. LAN의 구성은 컴퓨터 센터에 설치된 **호스트 컴퓨터**(host computer)에, 오피스 컴퓨터, PC, 팩스, 화상 단말, 음성 단말, 다목적 단말 등 각종 단말 장치가 통신 회선으로 연결되어 정보를 입력하고 출력하는 것으로 이루어진다. 이것들을 연결하는 통신선에는 LAN 케이블 외에, 높은 대역 전송에 적합한 광파이버(optical fiber)가 이용된다.

(3) 인터넷(internet)

전 세계의 컴퓨터가 서로 연결되어 정보를 교환하는 네트워크의 집합체를 말하며, 프로바이더나 기업, 대학, 정부기관 등의 작은 네트워크가 연결되어 형성되어 있다. 여기서 **프로바이더**(provider)란, 개인의 PC를 인터넷에 접속할 때의 중개 역할을 하는 회사를 말한다. **인터넷**을 이용하면 전 세계의 정보를 입수하거나 원격의 사람들과 이메일(전자메일: electronic mail)을 교환할 수 있다.

12-5 컴퓨터의 생산 지원

1 FA(공장 자동화)의 구성 요소

FA[5-3절 2항 (3) 참조]를 구성하는 주된 요소는 다음과 같다.

(1) CAD(computer aided design의 약칭)

컴퓨터 이용 설계라고 하며, 일반적으로는 **캐드**라고 부른다. 설계된 도형 정보를 컴퓨터에 입력하고, 그래픽 화면에 이미지를 표시하여 컴퓨터와 대화하면서 출력되는 화면에 수정 및 변경을 추가한다. 또한, 자동 제도기를 통해 도면을 완성하고 이를 다시 수치화하여 데이터베이스에 저장하여 신규 설계나 도면·이미지의 수정 등의 자료로 이용한다.

(2) CAM(computer aided manufacturing의 약칭)

컴퓨터 이용 제조라고 하며, 일반적으로 **캠**이라고 부른다. CAD의 다음 공정으로서 제조를 자동화하기 위한 시스템으로, 생산의 기술 관리에 관한 정보를 데이터베이스로 구축하고 컴퓨터의 명령에 의해 생산 설비나 그 활동을 제어한다. 예를 들면, 설계된 제품의 형상이나 치수를 입력하면, 공작기계의 기종 선정이나 가공 순서까지 정할 수 있다.

(3) CAE(computer aided engineering의 약칭)

기계나 구조물을 요소별로 분해해서 입력하고, 전체의 모델을 만들어 외력을 가했을 때 구조물의 움직임을 해석하면서 모델을 그래픽 화면에 출력해 제도하는 시스템이다. 변위, 진동, 열 유체 이동 등의 특성도 정확하게 예측해, 기본 설계로부터 상세 설계에 이르기까지 일관된 설계 제도를 실시할 수 있다. 따라서 제품의 최적설계 및 개발이 가능하여 그 기간을 단축시킴으로써 개발 비용을 절약할 수 있다.

(4) FMS(flexible manufacturing system의 약칭)

유연생산시스템이라고 하며, NC 공작 기계, MC, CNC, DNC(87쪽 참조) 등의 자동 생산기계, 컨베이어, **무인 반송차**[12] 등의 자동 반송 설비, 또한 산업용 로봇[13], 자동 검사 CAT 및 입체 자동 창고 등을 설치해 공장 전체를 네트워크화 하고, 컴퓨터에 의해 총괄적으로 생산을 제어하여 다양한 부품 가공, 조립, 검사 등을 할 수 있도록 만든 시스템이다.

(5) CAT(computer aided testing의 약칭)

컴퓨터 이용 검사라고 하며, 컴퓨터를 이용한 자동검사 시스템이다. 각종 센서(감지기)와 치수 계측 시스템 등을 갖추고 있으며 제품 검사에 따라 품질보증을 한다. 이것이 FMS 라인 안에 포함되어 가공에 수반되는 자동 계측이 통합적으로 실행되어 품질 관리의 정보를 작성하고, CAD나 CAM으로 피드백함으로써 설계나 제조에 도움을 준다.

2 CIM(computer integrated manufacturing)

자동화의 개념을 한층 더 발전시켜 FMS와 OA[5-3절 2항 (4) 참조]가 통합된 시스템을 CIM(컴퓨터 통합 생산)이라고 한다. 이것은 컴퓨터 기술의 활용으로 고객의 요구를 반영한 제품의 개발, 설계, 제조의 계획·제어, 공장 자동화 및 영업과 물류(포장·하역·수송·배송 등의 활동)에 이르기까지의 정보를 데이터베이스

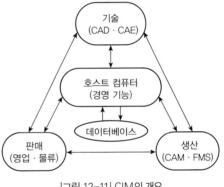

|그림 12-11| CIM의 개요

로 구축하여 이를 네트워크에 의해 서로 연계하고 설계, 제조, 관리 등을 종합적으로 시스템화한 것이다. 즉, CIM은 제조부와 영업부의 밀접한 연계를 통해 시장동향의 정보에 즉각 대응하여 '어느 상품을', '어느 정도', '언제'의 정보를 바로 생산 계획을 수립하고, 신속하게 다품종 소량의 고속 생산을 실시할 수 있다. 그림 12-11은 CIM 구성 개요로 중앙 컴퓨터는 경영 활동에 필요한 정보를 수집·분석·처리·보관해서 필요로 하는 각 부문에 즉시 제공한다.

---

*12 **무인 반송차(automated guided vehicle : AGV)** 축전지를 동력원으로 해서 주행하고, 바닥면에 설치된 유도선에 의해 물품을 반송하는 운반차량을 말한다. 유도방식에는 전자식, 자기식, 광전식 및 광학식 등이 있으며, 유도선은 전선, 자성을 가진 도료·테이프, 금속대, 컬러 테이프 등이 이용되고 반송경로는 자유자재로 설정할 수 있다. 최근에는, 프로그램을 내장하여 로봇과 같은 구조를 가진 자율 주행식도 있다.

*13 **산업용 로봇(industrial robot)** 인간의 손과 같은 운동 기능을 가진 머니퓰레이터(manipulator)라고 하는 기구와 위치·윤곽·속도·시각·청각 등을 결정하는 제어장치를 갖춘 기계로, 인간을 대신해 가혹한 환경에서의 작업, 위험, 반복, 단순작업 등을 수행하고, 용접·프레스·다이캐스트·단조·조립 등의 작업에도 사용된다.

제 13 장 경영 시스템

13-1 품질경영시스템

1 ISO란

ISO란 국제표준화기구(International Organization for Standardization)의 약칭으로 물자 및 서비스의 국제적 교류를 용이하게 하고, 지적, 과학적, 기술적 및 경제적인 분야에서 국제간의 협력을 증진하기 위해, 각국의 규격 통일을 도모하고 가맹국 간의 표준화 활동에 관한 정보를 교환하여, 국제적인 공업표준화의 추진을 목적으로 1947년 설립되었다.

2015년 12월 기준으로 가맹국은 162개국에 이르며, 우리나라는 1963년에 가입하였고 2015년 9월에는 서울에서 ISO 총회를 개최하였다. ISO는 세계 3대 표준화기구(ISO, IEC, ITU) 중 가장 활발한 활동을 펼치고 있는 기관으로 ISO 총회에서는 국제 표준화 정책의 방향을 논의하고 국가 간 협력을 강화하는 자리인 만큼 우리나라에서 개최된 것으로 국제표준 업계에서 대한민국의 높은 위상을 확인할 수 있다. (역자 보충 설명, 출처 : https://m.blog. naver.com/PostView.nhn?blogId=2015iso&logNo)

2 ISO 9000이란

ISO 9000이란 ISO에 의해서 제정된 품질경영시스템에 관한 국제 규격의 하나이다. 1970년대 때부터 품질관리의 규격 통일에 관한 움직임은 유럽을 기점으로 점차 본격화하고 1987년에 ISO 9000시리즈(제1판)가 제정되었다. 그 후, 수차례 회의를 거쳐 2015년에 대폭 개정되었다. 품질관리에 관한 국제 규격은 국내 품질관리를 발전시킨 계기라고 생각할 수 있으므로 '품질관리'의 개념을 보다 충실하게 나타낸 의미로 '**품질경영**'이라고도 하며, 그 체계를 **품질경영시스템**이라고 한다. 품질경영시스템에 관한 국제 규격에는 많은 종류가 있지만, 그 대표적인 ISO 규격을 KS 규격의 번호와 병기하여 나타내면 아래와 같다.

❶ ISO 9000:2015(KS Q 9000:2015) 품질경영시스템
- 기본개념 및 용어에 대한 표준
❷ ISO 9001:2015(KS Q 9001:2015) 품질경영시스템
- 기본적 요구사항
❸ ISO 9004:2009(KS Q 9004:2010) 조직의 지속적 성공을 위한 운영 관리

- 품질경영관리 접근법

❹ ISO 10001:2007(KS Q 10001:2010) 품질경영−고객 만족

   − 조직의 행동 강령에 대한 지침

❺ ISO 10002:2014(KS Q 10002:2015) 품질경영−고객 만족

   − 조직의 불만 처리를 위한 지침

❻ ISO 10003:2007(KS Q 10003:2010) 품질경영−고객만족

   − 외부와의 분쟁 해결을 위한 지침

❼ ISO 10006:2003(KS Q 10006:2004) 품질경영시스템

   − 프로젝트에 대한 품질관리의 지침

3 ISO 규격의 개념

정보 기술의 진보와 보급은 놀라운 성장을 거듭하여 국경을 초월한 정보 전달은 실시간으로 이루어지게 되었다. 또한, 국제화의 진전에 따라 시장의 글로벌화, 다양한 요구에 대한 고객 대응, 신기술의 개발, 다양화·국제화하는 공급사슬 또는 공급망 (supply−chain), 환경문제의 심각화, 한정된 자원·에너지 문제에 대한 대응 등과 함께 기업 활동에서 발생하는 각종 리스크의 관리 필요성에 대해 체계적인 관리가 중요하게 되었다.

2015년에 ISO 9001이 개정된 것은 다음의 이유에 근거한다.

❶ 변화하는 세계에 ISO 9001을 적응시킨다.

❷ 조직이 처한 더욱 복잡해지는 환경을 ISO 9001에 반영한다.

❸ 미래지향적으로 일관성 있는 기반이 되도록 국제 규격을 제공한다.

❹ 새로운 국제 규격이 밀접하게 관련된 전체 이해관계자의 요구에 대해 확실하게 반영시킨다.

❺ 다른 ISO 경영시스템 규격과의 정합성을 도모하여 공통된 부분은 일치하도록 한다.

ISO 9001−2015: 품질경영시스템의 개념은 다음과 같은 다른 ISO 규격에도 수용되고 있다. 공통의 개념으로 개정하는 주요 ISO 규격은 다음과 같다.

❶ ISO 9000:2015 품질경영시스템

❷ ISO 14001:2015 환경경영시스템

❸ ISO 27000:2014 정보보안경영시스템

❹ ISO 50001:2011 에너지경영시스템

ISO 경영시스템 규격에 적용되는 공통 개념은 그림 13-1에 나타낸 10가지 항목이다.

1. 적용 범위(scope)
2. 인용 규격(normative reference)
3. 용어 및 정의(terms and definitions)
4. 조직의 상황(context of the organization)
5. 리더십(leadership)
6. 계획(planning)
7. 지원(support)
8. 운영(operation)
9. 성과 평가(performance evaluation)
10. 개선(improvement)

|그림 13-1| ISO 규격에 적용되는 공통 개념의 10가지 항목

４ 품질경영의 원칙

ISO 9000:2015 '품질경영시스템 기본개념 및 용어'에서는 품질경영의 원칙으로서 다음과 같은 7가지 원칙을 제시하고, ISO의 기타 경영시스템에서도 기본적인 개념으로 적용되고 있다.

❶ 고객중심

❷ 리더십

❸ 구성원의 적극적인 참여

❹ 프로세스 접근 방법

❺ 지속적인 개선

❻ 객관적 사실에 근거한 의사 결정

❼ 관계 관리

(1) 고객중심

품질경영의 중심은 **고객중심**의 개념으로 고객의 요구사항을 충족시킬 뿐만 아니라 고객의 기대 이상으로 노력하는 것이다.

조직이 지속적으로 성공하려면 고객이나 이해 관계자의 신뢰를 얻는 것이 필수적이다. 고객과의 모든 상호작용으로 고객을 위한 보다 높은 가치 창출의 기회(business chance)를 얻을 수 있다. 고객이나 이해 관계자들이 현재 가지고 있는 수요나 장래의 기대 사항을 이해하는 것은 조직이 지속적으로 성공하는 기본이 되는 것이다.

(2) 리더십

각 계층의 리더는 구성원의 개개인에 대하여 목적과 목표 지향성을 일치시켜, 품질 목표달성에 모두가 적극 참여하는 상황을 만들어내는 역할을 해야 한다.

조직의 사람들을 적극적으로 참여시켜 같은 목표를 향해 노력을 집중하도록 리더십이

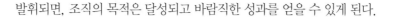

발휘되면, 조직의 목적은 달성되고 바람직한 성과를 얻을 수 있게 된다.

(3) 구성원의 적극적인 참여

조직 내 모든 구성원들은 각각의 역량이 있고, 권한을 부여받아 그 구성원들이 적극적으로 참여하여 가치를 창출하는 것은 조직의 목적을 실현하기 위해 필수적이다. 조직을 효과적으로 매니지민트하기 위해서는 모든 구성원을 존중하고 구성원들의 참가를 촉진시키는 것이 중요하다. 구성원들의 공헌을 인정하고 권한을 부여하며 역량을 향상시키는 것을 통해 더욱 더 구성원들의 적극적인 참여가 촉진된다.

특히 조직은 업무를 담당하는 구성원에게 필요한 역량을 명확히 하고, 적절한 교육이나 훈련을 실시하여 직원들이 역량을 갖출 수 있도록 해야 한다.

ISO 규격에서 **역량**(competence)이란, 목표한 결과를 달성하기 위해 지식과 기능을 적용하는 능력이라 정의하고, ISO 경영시스템 규격에 공통되는 중요한 용어로서 자리매김을 하고 있다. 즉 역량이라는 용어는 담당하는 업무 활동에 대해, 업무 수행으로 기대되는 성과를 얻기 위해 필요한 담당자의 지식이나 기능을 의미하고 있다. 역량은 자격 인정이나 시험의 합격에 의해 인증되고 역량이 실증되면, 그 사람에게 적격성이 있다고 할 수 있다.

(4) 프로세스 접근 방법

어떠한 업무 활동도 프로세스로 생각하고, 각 프로세스는 서로 관련된 프로세스와 연계하여 시스템을 구성하는 것으로 이해하고 관리함으로써 모순 없이 예측 가능한 결과를 효과적으로 달성할 수 있다. 프로세스는 경영 자원(사람, 기계, 설비, 재료, 에너지, 기술, 정보. 자금 등)의 투입(input)을 산출(output)로 변환하는 활동이며, 최종적으로 산출되는 제품이나 서비스이다. 어떤 프로세스의 산출 결과는 다른 프로세스의 투입 조건이 되는 관계이다.

프로세스를 관리하려면 권한, 책임 및 설명 책임(accountability)을 명확히 할 필요가 있다.

(5) 지속적인 개선

성공하는 조직은 끊임없이 개선을 계속해서 실시하고 있다. 개선은 조직이 현재 수준을 유지하고 대내외 환경변화에 대응하여 새로운 기회를 창출하기 위한 불가피한 노력이다.

이를 위해서는 각 부서에 대해 개선 목표를 설정하고 기본적인 개선 방법을 구성원들에게 교육하고 훈련시키는 것이 중요하다. 개선은 일부 직원만의 활동이 아니라 구성원 전체의 활동이기 때문에 개선을 서로 인정하고 칭찬하는 것도 중요하다.

(6) 객관적 사실에 근거한 의사 결정

바람직한 결과를 얻기 위해서는 데이터와 정보를 객관적으로 분석하고 평가하는 데 기초를 둔 의사결정이 중요하다. 의사 결정은 복잡해지기 쉽고 항상 어떤 불확실성이 따라다닌다. 주관적 의견이나 상반되는 데이터가 정보에 포함되어 있을지도 모르기 때문에 인과관계나 의도하지 않은 결과를 가정하는 것이 중요하다. 객관적 사실이나 데이터 분석은 의사결정의 객관성과 신뢰성을 높이는 것이다.

(7) 관계 관리

지속적인 성공을 위해 조직은 공급원이나 공급처의 공급자처럼 밀접하게 관련된 이해관계자와의 관계를 관리할 필요가 있다. 밀접하게 관련된 이해관계자의 협력 정도에 따라 조직의 성능은 크게 좌우된다. 공급사슬(supply-chain) 매니지먼트의 중요성이 인정되면, 공급자나 파트너와의 네트워크에서 관계성 관리는 특히 중요하다. 이해관계자의 목표와 가치관에 관한 공통이해를 가지고, 자원이나 역량의 공유, 품질 관련의 리스크를 관리하고, 이해관계자를 위한 가치를 창출하는 것도 필요하다.

이해관계자와의 관계를 관리하려면 단기적인 시점과 장기적인 관계의 균형을 맞추는 것도 고려해야 한다. 조직의 목적과 전략적 방향성에 비추어, 외부와 내부의 과제를 명확히 하는 것이 중요하다.

5 품질경영의 기본적 활동

품질경영시스템으로 대표되는 ISO 규격에서 매니지먼트의 기본적인 활동은 그림 13-2와 같이 나타낼 수 있다.

(1) 조직의 상황

조직의 상황이란, 그 조직의 목표를 정하는 활동부터 시작해서 목표를 달성하기 위해 실시되는 일련의 활동에 영향을 주는 조직 내부의 과제와 조직을 둘러싼 외부 환경으로

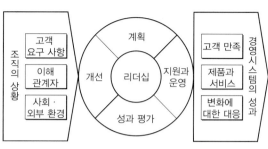

|그림 13-2| ISO 규격에서 매니지먼트의 기본적인 활용

부터의 과제를 의미하고 있다. 즉 조직의 상황을 파악하는 것은 그 조직이 대처해야 할 과제를 이해하고 인식하는 것이다.

조직의 과제는 그 **이해관계자**(interested party, **스테이크 홀더** : stakeholder)를 분명히 하면 알기 쉽다. 이해관계자는 다음과 같다.

① 고객, ② 조직의 소유자, ③ 조직 내의 직원, ④ 외부 제공자, 외부 공급자 ⑤ 자본가, ⑥ 규제 당국, ⑦ 조합, ⑧ 파트너(비즈니스 파트너), ⑨ 사회품질 관리에서 조직이 대응해야 할 과제로는 다음의 세 가지로 크게 나뉜다.

(a) 고객으로부터의 요구사항

고객이란 개인이나 조직을 대상하는 의미이며 개인이나 조직으로부터 요구되는 제품·서비스를 받거나 그러한 가능성이 있는 개인이나 조직도 해당된다. **요구사항**(requirement)이란, 명시되어 있거나 일반적으로 암묵 중에 양해되고 있으며 의무화되어 있는 요구사항이나 기대를 의미한다. 제품이나 서비스가 요구사항을 충족하고 있다면 **적합**(conformity)이라고 하며, 충족되지 않고 있는 것은 **부적합**(nonconformity)이다. **결함**(defect)이라고 하는 용어는 제품이나 서비스가 의도한 용도나 규정된 용도에 관한 부적합을 가리키고 있으므로, 제조물 책임과 관련해 법적인 의미를 갖는 경우가 있다.

적합과 부적합이라는 용어는 ISO 경영시스템 규격의 공통 용어로, 그 중심적인 정의로서 널리 사용되고 있다. **고객 만족**(customer satisfaction)이란 고객의 기대가 충족되는 정도에 관한 고객의 인식으로 정의되며, 고객이 원하는 것에 어느 정도까지 부응하고 있는지에 대한 고객의 평가라고 할 수 있다. 제품이나 서비스를 사용해보고 비로소 느끼거나 고객 본인도 인식하지 못했던 기대도 있다. 이와 같이 고객이 명시하고 있지 않은 것에 대해서도 이를 충족시킬 수 있다면 고객 만족을 높일 수 있을 것이다.

(b) 이해관계자로부터의 과제

고객 이외의 이해관계자는 조직의 외부인들과 내부인들로 나누어 다음과 같이 분류할 수 있다. 조직 외의 이해관계자에는 기업이나 조직의 소유자·자본가·출자자·재료나 부품의 공급자, 외주 가공 등의 생산자, 물류 업무에 관한 유통자, 판매 업무에 연관된 소매상이나 판매자, 기술 제휴와 업무 제휴의 비즈니스 파트너 등 직접 조직에 관련된 사람이나 조직이다. 조직 내의 이해관계자란 조직이 고용하고 있는 종업원, 시간제 근무자, 아르바이트 등의 정규직과 비정규직 고용자이다.

영리 기업의 경우는 사업 활동을 수행한 성과로 이익을 얻게 된다. 비영리 기업인 경우, 모아진 자본을 이용해서 기업 활동의 성과를 기업 목적과 비교하여 평가된다. 어떠한 경우에도 그 조직의 과제로서 조직의 활동 성과가 그 목적을 어느 정도 충족시키고 있는지의 여부를 끊임없이 과제로 고려해야 한다.

조직에 관계하는 공급자·유통자·판매자·파트너 등의 외부인은 조직의 일상 활동에서 조직 내부의 사람들과 서로 협동하는 관계이지만 이해관계가 대립하는 경우도 적지 않다. 어떠한 경우든 각각의 활동 성과를 높일 수 있도록 조정해 나가는 것이 필요하다.

조직 내의 이해관계자인 종업원 등의 고용자에 대해서는, 단순히 노동력을 제공하는 사람이 아니라 조직 활동의 실행자로서의 중요한 역할을 담당하고 있다. 따라서 종업원의 노동 안전 위생 관리를 확실히 실시해, 종업원의 기능 향상을 도모하기 위한 교육·훈련은 조직으로서 계획적으로 추진해야 하는 과제이다.

(c) 사회·외부 환경으로부터의 과제

조직의 과제에는, 고객이나 이해관계자뿐만 아니라, 널리 사회로부터의 요청도 포함되어 있다는 것을 의식해야 한다. 특히 고려해야 할 2가지 과제로서 한정된 자원·에너지의 문제 및 지구환경의 보전이라는 환경에 관한 과제와 고도 정보화 사회에 관한 과제가 있다.

(2) 리더십

톱 매니지먼트(top management)란, 최고 지위에서 조직을 지휘하고, 관리하는 어떤 개인 또는 그룹을 가리킨다. 톱 매니지먼트는 조직 내에서 권한을 위임하고 자원을 제공하는 힘을 가지고 있다. 기업 등의 조직체는 계층 구조로 구성되어 있기 때문에 일반적으로 톱 매니지먼트 하에 여러 개의 부문을 설치하여 업무 분담을 실시하고, 각각의 부문을 관리하는 관리자를 둔다. 톱 매니지먼트는 매니지먼트에 관한 모든 권한을 가지지만 직접 지휘하는 것은 직속의 부서장이다. 그 때, 각 부문의 기능에 따라, 담당할 범위의 권한이 톱 매니지먼트로부터 부문 관리자에게 이양되어, 부문 관리자는 톱 매니지먼트의 권한을 대행할 수 있다. 다만, 권한 이양에서는 모든 권한이 이양되는 것이 아니라 감독 책임이나 결과 책임은 이양되지 않는다. 마찬가지로, 각 계층의 리더는 상위의 관리자로부터 권한과 책임을 위임받게 된다. 리더는 담당하는 업무의 유효성에 대한 **설명 책임**(accountability)이 있다. 특히 리더에게 요구되는 역할은 구성원들을 적극적으로 참가시키고, 구성원들을 지휘하고 지원하는 데 있다.

(3) 계획

품질경영시스템의 계획을 수립할 때, 조직은 과제와 고객으로부터 요구사항을 고려하여 다음 사항에 관한 계획을 수립한다.

① 리스크와 기회에 관한 대응
② 품질 목표와 그것을 달성하기 위한 계획의 수립
③ 변경에 관한 계획

계획 수립에서 가정되는 리스크와 비즈니스 기회에 대해서는 미리 명확하게 해야 한다. 품질경영시스템에서 계획의 중심은 품질 목표의 설정이다.

(4) 지원과 운용

조직은 품질경영시스템을 추진하는데 필요한 자원을 명확하게 준비하여 필요한 업무활동인 프로세스를 계획하며, 실시하고, 관리해야 한다. 필요한 자원에는 다음과 같은 것들이 있다.

① 업무의 운용과 관리에 필요한 인재
② 건물, 유틸리티, 설비(하드웨어와 소프트웨어), 수송, 정보 통신 기술 등의 인프라(infrastructure)
③ 업무 수행에 관한 환경
④ 감시와 측정을 위한 자원
⑤ 조직의 지식

특히 조직의 구성원인 직원들의 역량 향상에 유의하여 적절한 교육, 훈련 또는 경험에 따라 직원들이 필요한 역량을 갖추기 위해 조직은 적절한 조치를 취해야 할 책무가 있다.

(5) 성과 평가

조직은 품질경영시스템의 성능, 즉 유효성을 평가해야 한다. 평가 결과는 적절하게 문서화한 정보로서 보관한다. 이를 위해서는 다음과 같은 사항을 결정할 필요가 있다.

① 감시 및 측정이 필요한 대상을 명확히 할 것.

② 필요한 감시, 측정, 분석, 평가 방법 등을 명확히 할 것.

③ 감시와 측정의 실시 시기를 결정할 것.

④ 감시와 측정 결과의 분석과 평가 시기를 결정할 것.

(6) 개선

조직은 개선의 기회를 잡고 개선 과제를 선택하여 필요한 개선 활동을 실시해야 한다. 개선 활동에는 다음 사항이 있다.

① 요구사항을 충족시키기 위해 장래의 요구나 기대에 대응하기 위한 제품 및 서비스에 관한 개선.

② 바람직하지 않은 영향의 수정, 방지 및 저감에 관한 개선.

③ 품질경영시스템의 성능과 유효성에 대한 개선.

특히 제품이나 서비스에 부적합한 사항이 발생했을 경우는 다음과 같은 활동을 실시해야 한다.

① 부적합한 사항에 대하여 수정 조치를 취하고, 그 부적합한 사항으로 인해 발생하는 결과에 대처한다.

② 부적합한 사항의 재발 방지나 다른 부분 기록으로 발생하지 않도록 그 부적합한 사항을 검토하고, 분석하여 원인을 명확히 한다.

③ 유사하게 부적합한 사항의 유무 및 부적합한 사항이 발생할 가능성을 명확히 한다.

④ 빠른 시일 내로 필요한 조치를 실시한다.

⑤ 모든 시정 조치의 유효성을 재검토한다.

⑥ 계획의 수립 단계에서 결정한 리스크와 기회를 재검토한다.

⑦ 품질경영시스템의 변경에 대해 재검토한다.

(7) 경영시스템의 성과

위에서 언급한 품질경영시스템의 기본적인 활동으로 고객의 요구사항을 충족시키는 고품질의 제품이나 서비스를 만들 수 있고, 그 결과로 높은 고객 만족도를 얻을 수 있을 것으로 기대된다. 또한 여러 가지 활동이 적절하게 수행되면, 환경 및 사회 변화에 대응한 조직 운영이 가능해진다. ISO 9004:2010 '조직의 지속적 성공을 위한 운영 관리 - 품질경영관리 접근법'에서 조직의 지속적 성공은 장기간에 걸쳐 균형 잡힌 방법에 의해 고객과 그 이해관계자의 요구나 기대를 충족시키는 능력에 달려 있음을 분명히 하고 있다. 지속적인 성공은 조직 환경의 인식에 관한 능력, 새로운 지식이나 기술의 학습과 개선에 관한 능력 아울러 기술 혁신에 관한 능력을 얼마나 향상시킬 수 있는지의 여부가 포인트가 된다.

13-2 환경경영시스템

미래 상황에서 사람들의 니즈를 반영하는 것과 현재 상황의 사람들의 니즈를 충족시키는 것을 양립시키기 위해 환경·사회·경제에서 균형을 도모하는 것이 중요하다. 우리가 지향하는 지속가능한 발전은 이 세 가지 분야에서의 밸런스에 달려 있다고 할 수 있다. 오염에 의한 환경부하의 증대, 자원의 비효율적인 소비, 부적절한 폐기물 처리, 이로 인한 기후 변화, 생태계 및 생물 다양성에 대한 파괴 행위 등의 문제에 대해 지속가능한 발전을 지향하려면 투명하게 설명 책임을 다하는 행동이 사회에서 요구되고 있다.

ISO 14000(KS Q 14000) 시리즈의 **환경경영시스템**은 사회·경제의 니즈와 환경 보호의 밸런스를 이루면서 변화하는 환경 상태에 대응하기 위한 기본적인 틀을 기업이나 조직에 제공하기 위해 규정한 것이다. 환경경영에 의한 체계적인 접근 방식으로 아래와 같은 효과를 얻을 수 있는 정보와 방법을 톱 매니지먼트에 제시할 수 있을 것으로 생각된다.

❶ 유해한 환경 영향을 완화하고 방지하여 환경을 보호한다.

❷ 현재 상황의 환경 상태에서 잠재적인 유해 영향을 완화한다.

❸ 조직의 준수 의무를 다하기 위해 지원한다.

❹ 환경성과를 향상시킨다.

❺ 제품이나 서비스 설계, 제조, 유통, 소비, 폐기의 각 단계에서 의도하지 않은 환경 영향

을 미연에 방지한다.

❻ 시장에서의 기업이나 조직의 평가를 높여 재무적으로나 운영상의 이익이 되도록 한다.

❼ 기업이나 조직이 보유한 환경 정보를 이해관계자에게 제공할 수 있다.

1 성공을 위한 요인

환경경영시스템은 톱 매니지먼트가 솔선하여 주도해야 성공할 수 있다. 경영 전략이나 경영 방침을 수립할 때, 사업의 중요 사항과 환경경영을 정합시켜 기업의 전체적인 경영에 환경 대처를 실시하면, 리스크를 낮추거나 회피시켜 효과적인 비즈니스 기회의 창출을 기대할 수 있는 것이다. 하지만 기업과 조직이 처한 상황, 환경경영의 적용 범위, 준수해야 할 의무의 내용, 기업이나 조직의 활동 범위, 제품이나 서비스의 특성 등으로 작은 차이지만 같은 종류의 조직이더라도 환경성과는 다르게 되며 그것은 환경문제의 복잡성에 기인한 것이다.

2 PDCA 사이클의 적용

ISO 14000의 매니지먼트에서도 1장에서 언급한 PDCA 사이클이 기초적인 접근법이다.

Plan(계획) : 환경방침에 따른 성과를 실현하기 위해 환경목표를 정하고 이것을 달성하는 프로세스(업무)를 명확히 한다.

Do(실행) : 환경 계획에 따라 착실하게 프로세스를 실시한다.

Check(검토) : 프로세스의 상황을 감시하고 결과를 측정하여 환경방침, 환경목표, 운영기준과 대조한다.

Act(개선) : 계속적으로 환경 개선을 진행시키기 위해서 필요한 조치를 실시한다.

3 환경경영에 관한 기본 개념

기업이나 조직이 대응해야 하는 환경에 관한 기본 개념은 다음과 같다.

ISO 규격에 제시된 **환경**(environment)이란 대기, 물, 토지, 천연자원, 식물, 동물, 사람 및 그것들의 상호관계를 포함한 조직의 활동을 둘러싼 것이라고 정의하고 있다. **환경측면**(environmental aspect)이란, 환경과 상호작용할 가능성이 있는 어떤 조직의 활동이나 제품 또는 서비스의 요소를 가리키며, 기업의 업무 활동에서의 환경측면이나 제품·서비스가 가지는 환경측면을 기업은 고려해야 한다. **환경영향**(environmental impact)이란 유해인지 무해인지의 여부와 상관없이 전체적으로 또는 부분적으로 조직의 환경측면에서 발생하는 환경에 대한 모든 변화를 의미한다. 즉, 기업이나 조직이 활동을 하면 환경측면에서 환경에 영향을 주는 것은 피할 수 없다. 따라서 기업 활동에서는 유해한 환경 영향을 저감하기 위해 오염 예방에 노력해야 한다.

조직이 환경 문제에 대해서 어느 정도의 성과를 거두었는지는 환경성과로 평가된다. **환경성과**(environmental performance)란, 조직의 환경측면에 대해 그 조직의 매니지먼트가 측정 가능한 결과라고 정의되며, 기업의 경제적 활동 성과가 여러 경제 지표로 나타나듯이 환경 목표에 대한 달성도는 **환경성과지표**(EPI: Environmental Performance Indicator)로 측정할 수 있다.

대표적인 환경성과 지표에 다음과 같은 것이 있다.

❶ 원재료 또는 에너지의 사용량

❷ 이산화탄소(CO_2) 등의 배출량

❸ 완성품의 생산량당 발생 폐기물

❹ 원자재 및 에너지 사용 효율

❺ 환경 사고(계획과 다른 오염물질의 배출 등)의 건수

❻ 폐기물의 재활용률

❼ 포장 재료의 재활용률

❽ 제품의 단위량당 서비스 수송 거리

❾ 특정 오염 물질 배출량

❿ 환경 보호에 대한 투자

⓫ 야생생물 서식지를 위해 유보한 토지 면적

⓬ 환경측면의 특정에 대해서 교육 훈련을 받은 사람의 수

⓭ 저배출 기술에 대한 지출 예산의 비율

환경경영시스템(EMS: Environmental Management System)이란, 조직의 경영시스템의 일부로 환경방침을 수립하고 실시하여 환경측면을 관리하기 위해 사용되는 경영시스템이다. 여기서 **환경방침**(environmental policy)이란 톱 매니지먼트에 의해 정식으로 표명된 환경성과에 관한 조직의 전체적인 목표 및 방향성을 의미한다. 이처럼 환경경영 자체는 앞에서 말한 ISO 규격의 품질경영과 마찬가지로 조직의 활동에 아주 중요한 경영활동이며 그 활동은 품질경영활동과 연계하여 추진해야 한다. 즉 이들은 서로 문제를 제기하여 과제로 설정하

고 함께 활동하여 해결하는 관계에 있다.

4 환경경영에 관한 역할과 책임자

기업이나 조직이 대응해야 할 환경에 관한 역할과 대표적인 책임자는 표 13-1과 같다.

표 13-1처럼 제품이나 서비스 설계자는 설계 업무에서 환경측면을 배려해야 할 책무가 있다. ISO 14006:2011(KS Q 14006:2012)에서는 환경경영시스템-에코 디자인의 도입을 위한 지침이 제시되어 있다.

에코 디자인(eco design)이란, 제품의 라이프 사이클 전체에 걸친 유해한 환경 영향을 저감시키기 위해서 환경측면을 제품이나 서비스의 설계·개발에 도입하는 활동을 가리키고 있다. 에코 디자인과 같은 의미로, 환경 배려 설계, 환경 적합 설계, 그린 설계, 환경적 지속가능 설계라는 용어도 쓰이고 있다. 에코 디자인에서는 제품 및 서비스의 라이프 사이클에 대해 원재료의 입수 단계, 제조 단계, 배송 단계, 사용 단계, 유지관리 단계 및 사용 완료 단계 등 각 단계에서 투입되는 재료, 에너지, 물, 기타 자원의 소비에 주목하여 환경측면을 검토한다. 제품과 서비스가 최종적으로 폐기되는 단계에서는 그 산출물인 폐기물, 배출물에 주목하고 환경측면을 검토하여 에코 디자인을 실현하는 것이 중요하다.

|표 13-1| 환경경영에서의 역할과 책임자

환경경영시스템에서의 역할	대표적인 책임자
전체적인 방향성을 확립한다.	사장, 최고경영책임자(CEO), 임원
환경방침을 수립한다.	사장, 최고경영책임자(CEO)
환경목표와 프로세스를 수립한다.	담당 관리자
설계 프로세스에서의 환경측면을 고려한다.	제품·서비스의 설계자, 건축사, 기술자
전체적인 EMS 퍼포먼스를 감시한다.	환경관리자
준수 의무 수행 상황을 체크한다.	모든 관리자
지속적 개선을 촉진한다.	모든 관리자
고객의 기대를 설정한다.	판매 담당자, 마케팅 담당자
공급자의 요구사항과 조달 기준을 설정한다.	조달 담당자, 구매 담당자
회계 프로세스를 수립하고, 유지한다.	재무 관리자, 회계 관리자
EMS 요구 사항에 적절하게 대응한다.	관리 하에 일하는 모든 사람
EMS의 운용을 리뷰한다.	톱 매니지먼트

ISO 9001 품질경영시스템에서의 요구 사항으로부터 환경경영시스템에 대한 설계·개발 프로세스(업무)로서 입력 사항에는 다음과 같은 사항이 있다.

❶ 대상으로 하는 제품이나 서비스의 기능에 관한 요구 사항

❷ 대상으로 하는 제품이나 서비스에 적용되는 법령 및 규제에 관한 요구 사항

❸ 대상으로 하는 제품이나 서비스에 유사한 과거의 설계에서 도출된 요구 사항에 관한 정보

❹ 대상으로 하는 제품이나 서비스의 설계·개발에 필수적인 사항과 기타 요구사항

이들 요구사항은 관련된 입력에 대해 끊임없이 재검토하여 요구사항에 누락이 없고 애매함도 없으며 상충하는 일도 없도록 해야 한다.

에코 디자인에 라이프 사이클의 개념을 도입하면 다음과 같은 효과를 기대할 수 있다.

❶ 거시적인 관점에서 제품이나 서비스가 가지는 유해한 환경 영향을 최소화할 수 있다.

❷ 두드러진 환경측면이 특정되어 정성적 평가와 정량적 평가가 가능하게 된다.

❸ 제품이나 서비스가 갖는 여러 가지 환경측면에서의 트레이드오프(trade off: 한쪽을 추구하면 다른 쪽을 희생해야 하는 이율배반적인 관계, 역자 보충 설명), 라이프 사이클(life cycle)의 각 단계에서의 트레이드오프에 대해 종합적으로 검토할 수 있다.

13-3 정보보호 경영시스템

현대의 정보화 사회에서 기업 활동을 실시하기 위해서는 정보 시스템의 구축과 활용은 필수적이며, 컴퓨터 네트워크를 이용해 여러 가지 업무가 수행되고 있다. 조직의 컴퓨터 네트워크는 클라이언트가 서버를 통해 다른 클라이언트나 서버에 접속할 수 있는 시스템을 이용하고 있다. 서버는 특정 서비스를 실시하는 컴퓨터이며, 메일의 송수신은 메일 서버, Web 콘텐츠를 공개하는 Web 서버, 데이터베이스 등의 정보를 저장하는 파일 서버 등 여러 가지 서버가 있다. Web 또는 WWW라 약칭되는 World Wide Web은 인터넷 상에서 표준적으로 사용되고 있는 문서 정보를 공개·열람하는 시스템으로, 전 세계 사람들과 조직에 널리 이용되고 있다. 인터넷이 보급되어 대량의 정보를 단시간에 전 세계로 발신하고 또한 전 세계로부터 정보를 수집하는 것이 용이하게 되었다. 이에 따라 인터넷을 악용할 위험성도 증대하여 **정보보호**에 관한 리스크 대책은 조직에서 해결해야 할 과제 중 하나가 되었다.

ISO 27000:2014(KS X ISO 27000:2014)는 정보기술 – 보안기술 – 정보보호 경영시스

템－용어에 관한 국제 규격이며 정보보호 경영시스템을 도입하고 운용하기 위한 모델을 나타내고 있다. 이 국제 규격에 제시된 정보보호에 관한 주요 용어에 대해 설명하면 다음과 같다. 개인이나 조직이 이용하는 정보에는 정보의 기밀성, 완전성, 가용성이라는 세 가지 성질이 충족되어야 한다.

ISO 규격에서의 **정보의 기밀성**(confidentiality)이란, 승인받지 않은 개인이나 엔티티(entity: 특정 목적을 수행할 수 있는 하드웨어나 소프트웨어 – 역자 보충 설명) 또는 프로세스에 대해 정보를 사용하지 않거나 공개하지 않는 특성으로 정의한다. 여기서, **엔티티**란, 실체나 주체라고도 하며, 정보를 사용하는 사람이나 조직, 정보를 취급하는 설비, 소프트웨어나 물리적 미디어 등의 정보에 접근하거나 열람하는 것과 조작하려고 하는 행위를 가리키는 것이다. 엔티티는 기본적으로 사람을 가리키고 있지만, 사람이 조작하지 않아도 자동적으로 작동하는 소프트웨어나 기기가 정보시스템에 접근하는 것은 가능하므로, 그러한 경우를 포함해 정보에 영향을 주는 주체를 의미한다. 따라서 정보의 기밀성을 지킨다는 것은 허가받은 사람이나 엔티티에게만 정보를 공개하여 사용할 수 있도록 하고, 허가받지 않은 사람이나 엔티티에게는 공개도 사용도 하지 못하도록 하는 것이다. **정보의 완전성**(integrity)이란, 정확성 및 완전한 정도의 특성을 가리킨다. **정보의 가용성**(availability)이란, 승인된 엔티티가 요구했을 때 접근과 사용이 가능한 특성을 의미한다.

ISO 규격에서는 **정보 보안**(information security)을 정보의 기밀성, 완전성 및 가용성을 유지하는 것으로 정의하고 있다. **정보 보안 이벤트**(information security event)란, 정보 보안 방침에 대한 위반, 관리 대책의 부적합성이나 보안과 관계된 미지의 상황을 나타내는 시스템, 서비스, 네트워크 상태에 관련된 현상을 가리키며, 이러한 사상(事象: event)의 발견과 대책이 필요하다. 특히 바람직하지 않은 단독 또는 일련의 정보 보안 사상이나 예기치 않은 단독 또는 일련의 정보 보안 사상에서 사업 운영을 위태롭게 할 확률이나 정보보안을 위협할 확률이 높은 것을 **정보 보안 사고**(information security incident)라고 한다. 정보 보안 사고를 검출, 보고, 평가, 응대, 대처하는 것을 학습하기 위한 프로세스를 **정보 보안 사고 관리**(information security incident management)라고 하며, 새롭게 발생할 수 있는 위협에 대응하는 관리가 필요하다.

기업이나 조직의 활동에서는 사회나 외부 환경에서의 다양한 리스크에 대한 대응도 요구되고 있으며, 정보 보안을 포함한 **리스크 관리**의 과제도 조직의 중요한 과제 중의 하나로 인식되고 있다. 이와 같이 새로운 매니지먼트에 대해서도 ISO 경영시스템의 개념은 유효하다고 할 수 있다.

부록

4장 공정 관리

4-1 1개월당 생산 예정량$=500 \div (1-0.05)=527$개(소수점 이하 올림)

1개월당 부하 시간$=2 \times 527=1054$시간

1개월 1대당 능력 공수$=8 \times 25 \times (1-0.1)=180$시간

필요 기계 대수$=\dfrac{1054}{180} \div 6$대(소수점 이하 올림)

4-2 A, B, C, E, 작업

4-3

5장 작업 연구

5-1 작업 정미 시간$=2.687 \times \dfrac{95}{100}=2.55$분

표준 시간$=2.55 \times (1+0.20)=3.06$분

5-2 $n=\dfrac{4 \times 0.1(1-0.1)}{0.02^2}=900$회

6장 자재와 운반 관리

6-1 안전 재고량$=1.65 \times 25 \times 7=110$개(소수점 이하 올림)

발주점$=(250 \times 7)+110=1860$개

6-2 ① 최적 발주량$=\sqrt{\dfrac{2 \times 20000 \times 60000}{4000 \times 0.25}} \fallingdotseq 1550$개(소수점 이하 올림)

② 평균 재고량$=\dfrac{1550}{2}+600=1375$개

③ 발주 횟수$=\dfrac{20000}{1550}=12.9\fallingdotseq13$회

6-3 재발주량$=(2+1)+500-50+100-650=900$개

8장 품질 관리

8-1 아래의 파레토 차트와 같음.

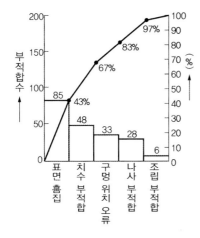

8-2
$$\bar{x}=\frac{32.4+33.5+35.2+32.7+34.8}{5}=33.72$$

$\widetilde{x}=33.5 \rightarrow 35.2,\ 34.8,\ 33.5,\ 32.7,\ 32.4$

$R=35.2-32.4=2.8$

$S=(35.2-33.72)^2+(34.8-33.72)^2+(33.5-33.72)^2+(32.7-33.72)^2+(32.4-33.72)^2$

$\quad=6.188$

$V=\dfrac{6.188}{5-1}=1.547,\ s=\sqrt{1.547}=1.244$

8-3

$$\bar{\bar{x}} = \frac{237.82}{20} = 11.891, \ \bar{R} = \frac{3.54}{20} = 0.177$$

x관리도 UCL $= \bar{\bar{x}} + A_2\bar{R} = 11.891 + 0.577 \times 0.177 = 11.993$

LCL $= \bar{\bar{x}} - A_2\bar{R} = 11.891 - 0.577 \times 0.177 = 11.789$

R관리도 UCL $= D_4\bar{R} = 2.114 \times 0.177 = 0.374$

11장 ▶ 공장 회계

11-1

방식 연도	정액법			정률법		
	상각액	상각 누계	장부 가격	상각액	상각 누계	장부 가격
1	180	180	1820	$2000 \qquad \times 0.206 = 412$	412	1588
2	180	360	1640	$2000 \times (1-0.206) \times 0.206 = 327$	739	1261
3	180	540	1460	$2000 \times (1-0.206)^2 \times 0.206 = 260$	999	1001
4	180	720	1280	$2000 \times (1-0.206)^3 \times 0.206 = 206$	1205	795
5	180	900	1100	$2000 \times (1-0.206)^4 \times 0.206 = 164$	1369	631
6	180	1080	920	$2000 \times (1-0.206)^5 \times 0.206 = 130$	1499	501
7	180	1260	740	$2000 \times (1-0.206)^6 \times 0.206 = 103$	1602	398
8	180	1440	560	$2000 \times (1-0.206)^7 \times 0.206 = 82$	1684	316
9	180	1620	380	$2000 \times (1-0.206)^8 \times 0.206 = 65$	1749	251
10	180	1800	200	$2000 \times (1-0.206)^9 \times 0.206 = 51$	1800	200

참고문헌

[제1판~제3판] 참고 문헌 (일본 서적)

[1] L. 나셀스키(우라 쇼우지·기타가와 미사오 공역): 전자계산기의 기초(Digital Computer Theory) (바이후칸)

[2] 카이 아키히토, 모리베 아키라이치로 : 현대의 품질관리(센분도)

[3] 공장관리 용어 사전 편집위원회(편) : 공장관리 용어 사전(이공학사)

[4] 사카모토 세키야 : 품질관리 텍스트(이공학사)

[5] 생산관리 편람 편집위원회(편) : 생산관리 편람(마루센)

[6] 센쥬 시즈오 외 : 작업 연구(일본규격협회)

[7] 타카하라 도모요시, 무카이 구니히코 : 경영공학 개론(교리츠 출판)

[8] 쓰사키 마사노스케 : 경영공학 개론(모리키타 출판)

[9] 나미키 다카시 : 생산 관리 기법(일간공업신문)

[10] 일본기계학회(편) : 기계공학 편람(일본기계학회)

[11] 일본규격협회(편) : JIS핸드북(58) 매니지먼트 시스템(일본규격협회)

[12] 일본경영공학회(편) 경영공학 편람(마루센)

[13] 일본경제신문사(편): 복합첨단산업(일본경제신문사)

[14] 하라 데루히코 : ISO 14001이 보인다(일간공업신문사)

[15] 히라노 히로유키 : 도해 5S·JIS 기본 용어 555(일간공업신문)

[16] 무라마츠 모리타로우 : 생산관리의 기초(구니모토 서점)

[17] 사카모토 히로야 : 컴퓨터 기술 입문—기계공학 입문 시리즈(이공학사)

[제4판] 참고 문헌 (일본 서적)

[1] 일본경영공학회 편 : 생산관리 용어 사전, 일본규격협회, 2012

[2] 중앙직업능력개발협회 편 : 비즈니스·캐리어 검정시험 표준 텍스트 생산관리 BASIC급, 사회보험연구소, 2016

[3] 중앙직업능력개발협회 편 : 비즈니스·캐리어 검정시험표준 텍스트[공통지식] 생산관리 3급, 사회보험연구소, 2015

[4] 중앙직업능력개발협회 편 : 비즈니스·캐리어 검정시험 표준 텍스트[전문지식] 생산관리 플래닝 3급, 사회보험연구소, 2015

[5] 중앙직업능력개발협회 편 : 비즈니스·캐리어 검정시험 표준 텍스트[전문 지식] 생산관리 오퍼레이션 3급, 사회보험연구소, 2015

[6] 중앙직업능력개발협회 편 : 비즈니스·캐리어 검정시험 표준 텍스트[공통지식] 생산관리 2급, 사회보험연구소, 2015

[7] 중앙직업능력개발협회 편 : 비즈니스·캐리어 검정시험 표준 텍스트[전문 지식] 생산관리 플래닝 2급(생산 시스템·생산 계획), 사회보험연구소, 2015

[8] 중앙직업능력개발협회 편 : 비즈니스·캐리어 검정시험 표준 텍스트 [전문지식] 생산관리 오퍼레이션 2급(작업·공정·설비 관리), 사회보험연구소, 2015

[9] 일본규격협회 편 : JIS 핸드북 품질관리, 일본규격협회, 2015

[10] 일본규격협회 편 : JIS 핸드북 환경 매니지먼트, 일본 규격 협회, 2015

[11] 일본 규격 협회 편 : JIS 핸드북 정보 보안LAN·바코드·RFID, 일본규격협회, 2016

[12] 요시자와 타다시 편 : 품질관리 용어 사전, 일본규격협회, 2004

[13] 이나모토 미노루, 호소노 야스히코 : 알기 쉬운 품질관리(제 4판), 오무사, 2016

[14] 엔가와 다카오, 쿠로다 다카시, 후쿠다 요시로 편 : 생산관리의 사전, 아사쿠라 서점, 1999

[15] 요시다 유스케 : 생산 시스템 설계법 원론, 산케이샤, 2003

[국내 서적 참고 문헌 리스트]

[1] NCS 기반으로 신품질경영론, 정영배(감수), 박형근, 박정운, 양인권, 김용준, 김동혁, 무역경영사, 2016

[2] 품질경영 들어가기, 박영택, 한국표준협회미디어, 2018

[3] Biz MBA 4 생산관리, 다나카 카즈나리, 홍성수(편역), (주) 새로운 제안, 2007

[4] 국가직무능력표준/표준 및 활용패키지 생산관리(공정관리), 한국산업인력관리공단, 진한엠앤비, 2015

[5] IFRS·NCS 기반 현장실무 중심의 공학회계, 강봉준, (주) 신영사, 2018

[6] 생산관리, 정지복, 학현사, 2014

[7] 대한민국 법제처 국가법령정보센터 홈페이지, http://www.law.go.kr/LSW//main.html

[8] 한국표준협회 홈페이지, https://www.ksa.or.kr

[9] 국가기술표준원 홈페이지, http://www.kats.go.kr/main.do

[10] 네이버 사전 홈페이지, https://dict.naver.com/

색인

ㅈ

memo